水利水电工程施工技术全书

第三卷 混凝土工程

第十一册

混凝土工程
安全监测

魏平 等 编著

中国水利水电出版社
www.waterpub.com.cn

内 容 提 要

本书是《水利水电工程施工技术全书》第三卷《混凝土工程》中的第十一分册。本书系统阐述了水利水电混凝土工程安全监测的施工技术和方法。主要内容包括：综述，监测项目及仪器设备，监测仪器检验，环境量监测，变形监测，渗流监测，应力、应变及温度监测，水力学监测，地震监测，自动化监测，巡视检查，监测质量控制，监测资料的整编和分析，典型工程实例等。

本书可作为水利水电工程施工领域的工程技术人员、工程管理人员和高级技术工人的工具书，也可供从事水利水电工程科研、设计、建设及运行管理和相关企事业单位的工程技术人员、工程管理人员使用，并可作为大专院校水利水电工程及机电专业师生教学参考书。

图书在版编目（ＣＩＰ）数据

混凝土工程安全监测 / 魏平等编著. -- 北京 ： 中国水利水电出版社，2015.11（2017.8重印）
（水利水电工程施工技术全书. 第3卷. 混凝土工程 ；11）
ISBN 978-7-5170-3759-0

Ⅰ．①混… Ⅱ．①魏… Ⅲ．①混凝土施工－安全监测
Ⅳ．①TU755

中国版本图书馆CIP数据核字(2015)第250499号

书　　　名	水利水电工程施工技术全书 **第三卷　混凝土工程** **第十一册　混凝土工程安全监测**
作　　　者	魏平　等　编著
出 版 发 行	中国水利水电出版社 （北京市海淀区玉渊潭南路1号D座　100038） 网址：www.waterpub.com.cn E-mail：sales@waterpub.com.cn 电话：(010) 68367658（营销中心）
经　　　售	北京科水图书销售中心（零售） 电话：(010) 88383994、63202643、68545874 全国各地新华书店和相关出版物销售网点
排　　　版	中国水利水电出版社微机排版中心
印　　　刷	北京纪元彩艺印刷有限公司
规　　　格	184mm×260mm　16开本　12.5印张　296千字
版　　　次	2015年11月第1版　2017年8月第2次印刷
印　　　数	2001—4000册
定　　　价	**51.00元**

《水利水电工程施工技术全书》
编审委员会

顾　　问：　潘家铮　中国科学院院士、中国工程院院士
　　　　　　谭靖夷　中国工程院院士
　　　　　　陆佑楣　中国工程院院士
　　　　　　郑守仁　中国工程院院士
　　　　　　马洪琪　中国工程院院士
　　　　　　张超然　中国工程院院士
　　　　　　钟登华　中国工程院院士
　　　　　　缪昌文　中国工程院院士

名誉主任：　范集湘　丁焰章　岳　曦
主　　任：　孙洪水　周厚贵　马青春
副 主 任：　宗敦峰　江小兵　付元初　梅锦煜
委　　员：　（以姓氏笔画为序）

丁焰章	马如骐	马青春	马洪琪	王　军	王永平
王亚文	王鹏禹	付元初	江小兵	刘永祥	刘灿学
吕芝林	孙来成	孙志禹	孙洪水	向　建	朱明星
朱镜芳	何小雄	和孙文	陆佑楣	李友华	李志刚
李丽丽	李虎章	沈益源	汤用泉	吴光富	吴国如
吴高见	吴秀荣	肖恩尚	余　英	陈　茂	陈梁年
范集湘	林友汉	张　晔	张为明	张利荣	张超然
周　晖	周世明	周厚贵	宗敦峰	岳　曦	杨　涛
杨成文	郑守仁	郑桂斌	钟彦祥	钟登华	席　浩
夏可风	涂怀健	郭光文	常焕生	常满祥	楚跃先
梅锦煜	曾　文	焦家训	戴志清	缪昌文	谭靖夷
潘家铮	衡富安				

主　　编：　孙洪水　周厚贵　宗敦峰　梅锦煜　付元初　江小兵
审　　定：　谭靖夷　郑守仁　马洪琪　张超然　梅锦煜　付元初
　　　　　　周厚贵　夏可风
策　　划：　周世明　张　晔
秘 书 长：　宗敦峰（兼）
副秘书长：　楚跃先　郭光文　郑桂斌　吴光富　康明华

《水利水电工程施工技术全书》
各卷主（组）编单位和主编（审）人员

卷序	卷名	组编单位	主编单位	主编人	主审人
第一卷	地基与基础工程	中国电力建设集团（股份）有限公司	中国电力建设集团（股份）有限公司 中国水电基础局有限公司 葛洲坝基础公司	宗敦峰 肖恩尚 焦家训	谭靖夷 夏可风
第二卷	土石方工程	中国人民武装警察部队水电指挥部	中国人民武装警察部队水电指挥部 中国水利水电第十四工程局有限公司 中国水利水电第五工程局有限公司	梅锦煜 和孙文 吴高见	马洪琪 梅锦煜
第三卷	混凝土工程	中国电力建设集团（股份）有限公司	中国水利水电第四工程局有限公司 中国葛洲坝集团有限公司 中国水利水电第八工程局有限公司	席　浩 戴志清 涂怀健	张超然 周厚贵
第四卷	金属结构制作与机电安装工程	中国能源建设集团（股份）有限公司	中国葛洲坝集团有限公司 中国电力建设集团（股份）有限公司 中国葛洲坝建设有限公司	江小兵 付元初 张　晔	付元初
第五卷	施工导（截）流与度汛工程	中国能源建设集团（股份）有限公司	中国能源建设集团（股份）有限公司 中国葛洲坝集团有限公司 中国水利水电第八工程局有限公司	周厚贵 郭光文 涂怀健	郑守仁

《水利水电工程施工技术全书》
第三卷《混凝土工程》编委会

《水利水电工程施工技术全书》
第三卷《混凝土工程》
第十一册《混凝土工程安全监测》
编写人员名单

主　　编：魏　平

审　　稿：向　建

编写人员：魏　平　程胜祥　谢基祥　甘莉芬

　　　　　张　勇　帅永建　贾英杰　汤　荣

　　　　　谭凯彦

序 一

　　水利水电工程建设在我国作为一项基础建设事业，已经走过了近百年的历程，这是一条不平凡而又伟大的创业之路。

　　新中国成立 66 年来，党和国家领导一直高度重视水利水电工程建设，水电在我国已经成为了一种不可替代的清洁能源。我国已经成为世界上水电装机容量第一位的大国，水利水电工程建设不论是规模还是技术水平，都处于国防领先或先进水平，这是几代水利水电工程建设者长期艰苦奋斗所创造出来的。

　　改革开放以来，特别是进入 21 世纪以后，我国的水利水电工程建设又进入了一个前所未有的高速发展时期。到 2014 年，我国水电总装机容量突破 3 亿 kW，占全国电力装机容量的 23%。发电量也历史性地突破 31 万亿 kW·h。水电作为我国当前重要的可再生能源，为我国能源电力结构调整、温室气体减排和气候环境改善做出了重大贡献。

　　我国水利水电工程建设在新技术、新工艺、新材料、新设备等方面都取得了突破性的进展，无论是技术、工艺，还是在材料、设备等方面，都取得了令人瞩目的成就，它不仅推动了技术创新市场的活跃和发展，也推动了水利水电工程建设的前进步伐。

　　为了对当今水利水电工程施工技术进展进行科学的总结，及时形成我国水利水电工程施工技术的自主知识产权和满足水利水电建设事业的工作需要，全国水利水电施工技术信息网组织编撰了《水利水电工程施工技术全书》。该全书编撰历时 5 年，在编撰过程中组织了一大批长期工作在工程建设一线的中青年技术负责人和技术骨干执笔，并得到了有关领导、知名专家的悉心指导和审定，遵循"简明、实用、求新"的编撰原则，立足于满足广大水利水电工程技术人员的实际工作需要，并注重参考和指导价值。该全书内容涵盖了水利水电工程建设地基与基础工程、土石方工程、混凝土工程、金属结构制作与机电安装工程、施工导（截）流与度汛工程等内容的目标任务、原理方法及工程实例，既有理论阐述，又有实例介绍，重点突出，图文并茂，针对性及可操作性强，对今后的水利水电工程建设施工具有重要指导作用。

《水利水电工程施工技术全书》是对水利水电施工技术实践的总结和理论提炼，是一套具有权威性、实用性的大型工具书，为水利水电工程施工"四新"技术成果的推广、应用、继承、创新提供了一个有效载体。为大力推动水利水电技术进步和创新，推进中国水利水电事业又好又快地发展，具有十分重要的现实意义和深远的科技意义。

水利水电工程是人类文明进步的共同成果，是现代社会发展对保障水资源供给和可再生能源供应的基本需求，水利水电工程施工技术在近代水利水电工程建设中起到了重要的推动作用。人类应对全球气候变化的共识之一是低碳减排，尽可能多地利用绿色能源就成为重要选择，太阳能、风能及水能等成为首选，其中水能蕴藏丰富、可再生性、技术成熟、调度灵活等特点成为最优的绿色能源。随着水利水电工程建设与管理技术的不断发展，水利水电工程，特别是一些高坝大库能有效利用自然条件、降低开发运行成本、提高水库综合效能，高坝大库的（高度、库容）记录不断被刷新。特别是随着三峡、拉西瓦、小湾、溪洛渡、锦屏、向家坝等一批大型、特大型水利水电工程相继建成并投入运行，标志着我国水利水电工程技术已跨入世界领先行列。

近年来，我国水利水电工程施工企业积极实施走出去战略，海外市场开拓业绩突出。目前，我国水利水电工程施工企业在亚洲、非洲、南美洲多个国家承建了上百个水利水电工程项目，如尼罗河上的苏丹麦洛维水电站、号称"东南亚三峡工程"的马来西亚巴贡水电站、巨型碾压混凝土坝泰国科隆泰丹水利工程、位居非洲第一水利枢纽工程的埃塞俄比亚泰克泽水电站等，"中国水电"的品牌价值已被全球业内所认可。

《水利水电工程施工技术全书》对我国水利水电施工技术进行了全面阐述。特别是在众多国内外大型水利水电工程成功建设后，我国水利水电工程施工人员创造出一大批新技术、新工法、新经验，对这些内容及时总结并公开出版，与全体水利水电工作者分享，这不仅能促进我国水利水电行业的快速发展，提高水利水电工程施工质量，保障施工安全，规范水利水电施工行业发展，而且有助于我国水利水电行业走进更多国际市场，展示我国水利水电行业的国际形象和实力，提高我国水利水电行业在国际上的影响力。

该全书的出版不仅能提高水利水电工程施工的技术水平，而且有助于提高我国水利水电行业在国内、国际上的影响力，我在此向广大水利水电工程建设者、工程技术人员、勘测设计人员和在校的水利水电专业师生推荐此书。

孙洪水

2015 年 4 月 8 日

序 二

　　《水利水电工程施工技术全书》作为我国水利水电工程技术综合性大型工具书之一，与广大读者见面了！

　　这是一套非常好的工具书，它也是在《水利水电工程施工手册》基础上的传承、修订和创新。集中介绍了进入 21 世纪以来我国在水利水电施工领域从施工地基与基础工程、土石方工程、混凝土工程、金属结构制作与机电安装工程、施工导（截）流与度汛工程等方面采用的各类创新技术，如信息化技术的运用：在施工过程模拟仿真技术、混凝土温控防裂技术与工艺智能化等关键技术，应用了数字信息技术、施工仿真技术和云计算技术，实现工程施工全过程实时监控，使现代信息技术与传统筑坝施工技术相结合，提高了混凝土施工质量，简化了施工工艺，降低了施工成本，达到了混凝土坝快速施工的目的；再如碾压混凝土技术在国内大规模运用：节省了水泥，降低了能耗，简化了施工工艺，降低了工程造价和成本；还有，在科研、勘察设计和施工一体化方面，数字化设计研究面向设计施工一体化的三维施工总布置、水工结构、钢筋配置、金属结构设计技术，推广复杂结构三维技施设计技术和前期项目三维枢纽设计技术，形成建筑工程信息模型的协同设计能力，推进建筑工程三维数字化设计移交标准工程化应用，也有了长足的进步。因此，在当前形势下，编撰出一部新的水利水电施工技术大型工具书非常必要和及时。

　　随着水利水电工程施工技术的不断推进，必然会给水利水电施工带来新的发展机遇。同时，也会出现更多值得研究的新课题，相信这些都将对水利水电工程建设事业起到积极的促进作用。该全书是当今反映水利水电工程施工技术最全、最新的系列图书，体现了当前水利水电最先进的施工技术，其中多项工程实例都是曾经创造了水利水电工程的世界纪录。该全书总结的施工技术具有先进性、前瞻性，可读性强。该全书的编者们都是参加过我国大型水利水电工程的建设者，有着非常丰富的各专业施工经验。他们以高度的社会责任感和使命感、饱满的工作热情和扎实的工作作风，大力发展和创新水电科学技术，为推进我国水利水电事业又好又快地发展，做出了新的贡献！

近年来，我国水利水电工程建设快速发展，各类施工技术日臻成熟，相继建成了三峡、龙滩、水布垭等具有代表性的水电工程，又有拉西瓦、小湾、溪洛渡、锦屏、糯扎渡、向家坝等一批大型、特大型水电工程，在施工过程中总结和积累了大量新的施工技术，尤其是混凝土温控防裂的施工方法在三峡水利枢纽工程的成功应用，高寒地区高拱坝冬季施工综合技术在拉西瓦等多座水电站工程中的应用……，其中的多项施工技术获得过国家发明专利，达到了国际领先水平，为今后水利水电工程施工提供了参考与借鉴。

目前，我国水利水电工程施工技术已经走在了世界的前列，该全书的出版，是对我国水利水电工程建设领域的一大贡献，为后续在水利水电开发，例如金沙江上游、长江上游、通天河、黄河上游的水电开发、南水北调西线工程等建设提供借鉴。该全书可作为工具书，为广大工程建设者们提供一个完整的水利水电工程施工理论体系及工程实例，对今后水利水电工程建设具有指导、传承和促进发展的显著作用。

《水利水电工程施工技术全书》的编撰、出版是一项浩繁辛苦的工作，也是一项具有创造性的劳动过程，凝聚了几百位编、审人员近 5 年的辛勤劳动，克服各种困难。值此该全书出版之际，谨向所有为该全书的编撰给予关心、支持以及为此付出了辛勤劳动的领导、专家和同志们表示衷心的感谢！

2015 年 4 月 18 日

前　言

由全国水利水电施工技术信息网组织编写的《水利水电工程施工技术全书》第三卷《混凝土工程》共分为十二册，《混凝土工程安全监测》为第十一册，由中国水利水电第七工程局有限公司编撰。

混凝土工程监测，是指在混凝土坝各关键部位埋设监测仪器，对各项安全控制指标进行实时监测，掌握大坝运行性态，指导工程施工，检验长期运行性能，反馈设计，诊断不利事件的特性及产生原因，及时发现危险情况并及时处理，降低混凝土工程风险。

本册以混凝土工程监测项目、仪器选择、仪器检验、仪器安装埋设方法、数据处理、报告编撰、成果分析等方面为主线进行编撰，内容系统、全面、准确、实用，重点突出对混凝土工程安全监测实际工作的指导性。本册编撰内容在吸取相关工程安全监测文献资料经验的基础上，以水利水电混凝土工程安全监测技术为重点，简化过程叙述，突出实际施工技术和方法，收集引用了大量国内外最新监测施工技术和成果，并编入了不少具有代表性的典型工程实例，是一部面向从事混凝土工程监测的技术人员、工程管理人员和高级技术工人的参考书。

本册的编撰人员都是长期从事混凝土工程监测专业施工、科研工作，既具有扎实的理论研究水平，又具有丰富的实际工作经验的专业技术人员。第1章、第8章由甘莉芬编撰，第2章由张勇和贾英杰编撰，第3章、第9章、第11章、第12章由帅永建编撰，第4章、第13章由谢基祥编撰，第5章由帅永建、贾英杰和谢基祥编撰，第6章由魏平编撰，第7章由张勇和程胜祥编撰，第10章由程胜祥编撰，第14章由汤荣、张勇、帅永建、谢基祥、谭凯彦编撰，本册由向建审稿。

本册在编撰过程中，得到了《水利水电工程施工技术全书》编审委员会和有关专家的大力支持，并吸收了他们的许多宝贵经验、意见和建议。在此，谨向他们表示衷心的感谢！

　　由于我们搜集、掌握的资料和专业技术水平有限，不妥之处在所难免。在此，热切期望广大工程技术人员，尤其是监测专业技术人员提出宝贵意见和建议。

作者

2015 年 6 月 28 日

目　录

1 综 述

水利水电工程建设关系人民生命财产安全，必须科学论证，精心设计，精心施工，确保万无一失。国内外曾经发生各种大坝、水电站厂房、溢洪道等混凝土结构失事，造成的人员伤亡、经济损失和社会影响都十分巨大。在众多大型水利水电工程中，由于地质条件、设计、施工技术和工程结构复杂，对工程安全提出了更高、更多的要求。为预防和控制水利水电工程恶性灾难事故的发生，开展工程监测尤其显得迫切和重要。

1.1 监测的目的和意义

1.1.1 监测目的

混凝土工程监测是保证工程运行安全的重要手段之一，其目的可归纳为下列几点内容：

（1）指导工程施工。根据监测数据了解临时建筑物及永久性建筑物在建设过程中的性状变化和可能发生的安全问题，了解混凝土浇筑对工程安全可能造成的不利影响，如大体积混凝土浇筑中的温度控制。

（2）监控工程安全运行。在混凝土工程施工期或者运行期间，通过实时监测处理埋设在不同部位监测仪器的监测数据；及时发现工程出现的各种危险及异常情况；及时进行分析，查找产生危险和异常情况的原因；及时采取补救措施，确保工程安全运行。

（3）校核设计。随着水利水电工程数量的增加和难度的加大，要求水工设计人员在设计理论和设计方法方面不断改进和创新。但这些新理论、新方法在实践中究竟效果如何，是否与设计人员原来设想的一致，都需要建筑物运行后的实测数据来验证。

（4）为科研服务。对于一些规模宏大或技术复杂的水工建筑物，在设计阶段除了要在实验室做模型试验研究外，有时还需要在类似的建筑物上布设仪器做试验，或专门修建实体建筑物予以研究，有一些是利用在建工程的某些施工部位或施工程序做一些专项试验，这些都需要监测工作的配合，提供科研所需的监测数据。

1.1.2 监测意义

水利水电工程包含的风险因素很多，绝大多数建筑物破坏都有一个缓慢的逐渐积累的量变过程。在工程建设过程中，通过精心设计、精心施工、精心管理，可以把风险降到最低程度。但是由于水利水电工程的复杂性和不确定性，对于一项完建的水利水电工程仍然包含着一定风险。为此，从工程施工到工程运营引入工程风险估计、风险评价、风险应对策略、风险监控和风险管理决策等，是很有必要的。对水工混凝土建筑物进行监测就是对风险进行监控，可提前发现险情，及时预报和处理，尽力减少风险，杜绝事故的发生。

1.2 监测的发展概述

1.2.1 国外监测的发展

国外混凝土工程监测始于19世纪末，1891年德国的埃斯希巴赫重力坝进行了变形监测。20世纪初，澳大利亚鲑溪拱坝、瑞士盂萨温斯拱坝、美国新泽西州的波顿重力坝先后进行了挠度监测、温度监测。这些监测最初主要是为了研究设计计算方法，之后才成为工程安全管理的手段。20世纪30年代，在欧洲的一些国家和美国分别研制生产了振弦式仪器和差动电阻式仪器（简称差阻式仪器），用于大坝和岩土工程监测，对大坝、岩土工程技术的发展和工程安全的监测发挥了不可替代的作用。从此，开创了采用遥测仪器进行混凝土工程监测的新局面，在世界上许多国家得到了广泛应用。

1.2.2 国内监测的发展

我国混凝土工程监测起步于20世纪50年代，在丰满、佛子岭、梅山、响洪甸以及上犹江、流溪河、三门峡、新安江等混凝土坝进行了水平位移监测、垂直位移监测、应力应变监测及温度监测。20世纪60年代后期，丹江口、柘溪、刘家峡等大坝开始对渗流、渗流量、渗水浊度、波浪、倾斜、挠度、扬压力、裂缝和应力应变以及水位、雨量等进行系统监测。20世纪70年代中期以后，监测仪器安装埋设技术与埋设质量、资料分析及监测成果的应用都取得了明显进展。20世纪80年代中后期，随着计算机技术的发展与应用，相继采用了自动化监测系统，建立了较完整的数据库，监测仪器的应用开始出现多元化格局，振弦式仪器、差动电阻式仪器、电感和电容式仪器以及其他类型的监测仪器得到广泛应用，如龚嘴、铜街子、葛洲坝、东江、漫湾、隔河岩、二滩等水电工程。20世纪90年代后，混凝土工程监测技术飞速发展，许多工程完成了自动化监测系统的更新改造。目前，混凝土工程监测大都实现了数据采集、数据管理、在线分析、成果预警等自动化监控。

1.3 监测的发展趋势

21世纪，随着更多新型监测仪器的开发及计算机技术发展的进步，工程监测技术研究取得了迅猛发展，进入了多元化发展阶段。为了保证混凝土工程安全运行，埋设安装各种监测仪器进行定期、定时监测，仍然是主要的方法，可以得到重点部位测点物理量的变化规律。近年来，为了增加测值的代表性，监测技术从"点法"逐渐向"线法"甚至"面法"发展。

1.3.1 内部监测技术

差动电阻式仪器采用五芯电缆监测系统和利用恒流源技术的监测仪表，彻底消除了电缆导线电阻及其变差带来的电阻比测量误差，这项新技术的应用，使我国差动电阻式仪器的技术性能呈世界领先水平。近年来，一些具有特殊性能的大量程、大弹模、高耐水压的传感器问世，扩大了差动电阻式仪器的应用范围。

振弦式仪器具有精度高、分辨率高、量程大、体积小、受环境影响小、可长距离传输、便于进行自动化监测等优点，在20世纪90年代中后期得到了快速发展。

1.3.2 变形监测技术

目前水平位移和垂直位移监测采用全站仪、数字水准仪、GPS、正（倒）垂系统、引张线系统、静力水准仪、激光准直系统等仪器进行监测。

全站仪及数字水准仪，具有目标识别、自动照准、自动测量、自动跟踪和自动记录功能，实现了自动寻找目标、集数据采集和分析于一体的自动监测，测量精度可达0.6mm+1×10^{-6}、0.5″。

GPS可选择多种通信方式，系统兼容性好，各测点可同步监测；能实现"无人值守"，全天候实时连续监测；不受外界条件（天气气候、水、震动）干扰，基准点和监测点之间不需水平通视；能解决恶劣环境条件和不利地形条件下变形监测的难题。目前GPS接收机能够同时连接多台天线满足多测点测量，并保证信号完整可靠。

正（倒）垂系统的感应式垂线坐标仪具有测试精度高、稳定性好、自动化程度高、结构简单、防水性能好、成本低等特点，特别适合在环境恶劣中应用。

引张线系统结构简单，适应性强，易于布设，测量不受环境影响，观测精度高。

静力水准仪是测量两点或多点间相对高程变化的精密仪器，容易实现自动化监测。

激光准直系统随CCD技术及激光图像处理技术的发展，其测量精度和可靠性都有很大提高。

1.3.3 空间连续监测技术

随着光纤传感监测技术、渗流热监测技术、三维激光扫描技术、合成孔径雷达监测技术、地震CT监测技术等的发展相应的空间监测设备逐渐应用于混凝土工程监测领域。

（1）光纤传感监测技术。该技术以其灵敏度高、动态性能好、耐候性好、抗干扰能力强、自动化程度高、可实现分布式测量等优点，近10余年得到快速发展，测量参数从单一的温度测量发展到渗漏、变形、位移、应力等多种参数监测。目前，光纤温度测量技术比较成熟并在电力、石油、混凝土等工程众多领域应用，分布式测温精度可达0.5℃甚至更高，定位精度可达0.5m。例如：2008年在苏丹麦洛维大坝工程左、右岸混凝土面板堆石坝渗漏探测中。

（2）渗流热监测技术。该技术是根据水的热传导系数及比热容与岩石及土体的差别较大的原理，渗流变化必然导致温度场的变化，通过监测温度场分布和变化情况来监测渗流性态，这为渗流监测提供了新思路。

（3）三维激光扫描技术。该技术是通过激光快速扫描被测物体的摄影测量技术。能快速、高效、精确地获取测量目标的三维影像数据，并以毫米级采样间隔获取实体表面点的三维坐标。通过分析所测点的三维坐标、量化、建模，在最短的时间内高精度地获取不同时段所测物体的三维立体图像，从而获得较高精度的变形测量结果。这一技术突破了传统单点测量及数据处理方式的不足，为混凝土工程变形测量技术开拓了一种崭新的测量手段。

（4）合成孔径雷达监测技术。该技术是一种基于微波干涉的创新雷达技术，通过设置在轨道上的发送和接收机边移动边向待测目标面发射电磁波。同时，接收待测目标面的反射波。通过对反射波的相关处理，检测出反射波的相位，进而达到测量目标面变动的目的，能准确实时测量出毫米级单位的变动，该技术最大特点是无须在目标区域安装传感器，遥测距离可达 4km，不受气候条件限制，可进行全目标 24h 连续监测。

（5）地震 CT 监测技术。该技术是利用 CT 原理以及光机电算相结合的技术，应用于水工建筑物的性态诊断。采用声波方法，并利用介质的波速分布进行反演，形成建筑物的 CT 成像，有效地应用于混凝土工程安全检查和工程处理效果的验证，具有监测精度高、稳定可靠并能自动化监测的优点。

1.3.4 监测自动化技术

21 世纪以来，我国混凝土工程监测和管理的自动化技术日趋完善，一些工程开始实现或基本实现无人值守，通过自动化采集装置对监测仪器实施自动定时数据采集，对已建的个性化监控模型进行监控量的预测预报，使监测在工程安全管理中发挥着越来越重要的作用。

1.3.5 "4S" 技术

"4S" 即地理信息系统 GIS、遥感系统 RS、全球卫星定位系统 GPS 和专家系统 ES 集成框架（简称 "4S"）。可用于对整个流域工程群的监测和管理，或对单个工程进行监控。综合应用 "4S" 对水利水电工程进行监测将是一种新的尝试，"4S" 及其技术集成作为数字领域中的重要技术，在工程监控领域将具有广阔的应用前景。

2 监测项目及仪器设备

根据混凝土工程建筑物结构特点，有计划地在相应部位安装/埋设监测仪器开展监测项目，便于准确掌握建筑物性态，更好地发挥工程效益，从而起到校核设计、改进施工和评价混凝土工程安全状况的重要作用。

2.1 监测项目

混凝土工程监测项目主要有：巡视检查，环境量监测，变形监测，渗流监测，应力、应变及温度监测，水力学监测等。

（1）巡视检查项目主要包括：日常巡视检查、年度巡视检查和特殊情况下的巡视检查。

（2）环境量监测项目主要包括：水位监测、库水温监测、气温监测、降水量监测、冰压力监测、坝前淤积监测和下游冲刷监测等项目。

（3）变形监测项目主要包括：外部变形监测和内部变形监测。其主要监测项目包括：水平位移监测、垂直位移监测、倾斜监测、挠度监测、裂缝监测、接缝监测、坝基变形监测、滑坡体监测和高边坡位移监测等。

（4）渗流监测项目主要包括：扬压力监测、渗透压力监测、渗流量监测、水质监测及绕坝渗流监测等。

（5）应力、应变及温度监测项目主要包括：锚杆（锚索）应力监测、钢筋应力监测、钢板应力监测、混凝土应变监测、温度监测等。

（6）水力学监测项目主要包括：水流流态监测、水面线监测、动水压力监测、流速监测、泄流量监测、空蚀监测、通气量监测、掺气浓度监测、振动监测、泄洪雾化监测等。

2.2 监测仪器设备

2.2.1 监测仪器设备的基本要求

用于水工安全监测的仪器设备所处的工作环境大都比较恶劣，有的仪器设备暴露在边坡上，常年风吹日晒；有的仪器设备深埋于地下几十米甚至上百米的坝体或地基中；有的仪器设备长期处于潮湿的工作环境或位于较深的水下。大部分监测仪器设备埋设完成后就无法进行修复或更换。因此，除了必须具备良好的技术性能，满足必要的使用功能外，通常设计制造时还需要满足下列基本要求：

（1）高可靠性。监测仪器设备设计时应周密、审慎，生产时采用高品质元器件和材料，期间严格进行质量控制，保证仪器设备安装埋设后具有较高的完好率。

（2）长期稳定性好。监测仪器零漂、时漂与温漂满足设计和使用规定的要求，一般有效使用寿命不低于 15 年。

（3）精度较高。监测仪器必须满足安全监测实际需要的精度，有较高的分辨力和灵敏度，有较好的直线性和重复性，观测数据可能受到长距离和环境温度变化的影响，但这种影响造成的测值误差应易于消除，仪器设备的综合误差一般应控制在 2%F·S 以内。

（4）耐恶劣环境。监测仪器可在温度 25～80℃，相对湿度 95% 以上的条件下长期运行，设计有防雷击和过载保护装置，耐酸、耐碱、抗腐蚀。

（5）密封耐压性好。监测仪器防水、防潮密封性良好，绝缘度满足要求，在水下工作时能承受设计规定的水压力。

（6）操作简单。监测仪器埋设、安装、操作方便，容易测读。普通工作人员经过短暂培训就能掌握使用。

（7）结构牢固。能够耐受运输时的振动和在工地现场埋设安装时可能遭受的碰撞、倾倒。在混凝土振捣或土层碾压时不会损坏。

（8）性价比高。在满足相关的技术要求的条件下，仪器设备的采购价格、维护费用、安装费用、配套的测读仪表、传输信号的电缆等直接和间接费用应尽可能低廉。

（9）能够实现自动化测量，自动化监测系统容易配置。

2.2.2 监测仪器设备分类

监测仪器的分类方法目前常用的有：按传感器分类、按监测物理量分类和按型谱分类。

（1）按传感器分类。监测仪器按传感器分类可以分为：钢弦式、差动电阻式、电感式、电容式、压阻式、电位器式、热电耦式、光栅光纤、电阻应变片式、伺服加速度式、电解质式、磁致伸缩式、气压式等。目前，比较常用的是钢弦式和差动电阻式仪器。

（2）按监测物理量分类。监测仪器按监测物理量分类可以分为：变形监测仪器；应力、应变及温度监测仪器；渗流监测仪器；动力学监测仪器；水力学监测仪器等。

1）变形监测仪器主要有：表面变形监测仪器和内部变形监测仪器。表面变形监测仪器主要包括水准仪、全站仪、GPS 等；内部变形监测主要包括沉降仪、静力水准仪、引张线式水平位移计、垂线坐标仪、激光准直、高程传递仪、滑动测微仪、多点位移计、测缝计、测斜仪、基岩变形计、裂缝计、位错计、收敛计、倾角计等。与表面变形监测配套的监测设备有变形观测墩、水准点等，变形观测墩上安装有强制对中基座，水准点上安装有水准标芯，便于高精度测量。

2）应力、应变及温度监测仪器主要有：无应力计、应变计（组）、钢筋应力计、锚杆应力计、锚索测力计和土压力计等；温度监测主要为温度计。每一类仪器因使用的传感器不同，可分很多种。如锚杆应力计，又可分为钢弦式锚杆应力计、差动电阻式锚杆应力计、电感式锚杆应力计以及光线光栅式锚杆应力计等。

3）渗流监测仪器主要有：测压管、孔隙水压力计（渗压计）、水位计和量水堰等，其中量水堰主要监测渗漏量。

4）动力学监测仪器主要有：加速度计、加速度计和动态电阻应变片等，用于监测水工建筑物在爆破、地震、动载等作用下的振动效应。

5）水力学监测仪器主要有：脉动压力计、水听器和流速仪，用于监测水流流态、时均压力、脉动压力、流速及水工建筑物在高速水流作用下的振动情况。

（3）型谱分类。根据混凝土坝监测仪器型谱可分为变形监测仪器、渗流监测仪器、应力应变及温度监测仪器、测量仪表及数据采集装置。其中变形监测仪器有：测斜仪、倾斜仪、位移计、收敛计、滑动测微计、测缝计（表面）、多点位移计、垂线坐标仪、引张线仪、激光准直位移测量系统、静立水准仪和光学测量仪器等；渗流监测仪器主要有：渗压计、测压管水位计、压力表和量水堰渗流量监测仪等；应力应变及温度监测仪器主要有应变计、温度计、混凝土应力计、钢筋应力计、锚杆应力计和锚索测力计等。

2.2.3 传感器工作原理

以下重点对目前常用的如差动电阻式、振弦式、电感式、电容式及光纤光栅传感器等工作原理进行介绍。

（1）差动电阻式传感器。差动电阻式传感器习惯上又称卡尔逊式仪器。这种仪器利用张紧在仪器内部的弹性钢丝作为传感元件，将仪器受到的物理量转变为模拟量。

当钢丝受到拉力作用而产生弹性变形，其变形与电阻变化之间关系用式（2-1）计算：

$$\Delta R / R = \lambda \Delta L / L \tag{2-1}$$

式中　R——钢丝电阻，Ω；

　　　ΔR——钢丝电阻变化量，Ω；

　　　L——钢丝长度，m；

　　　ΔL——钢丝长度变化量，m；

　　　λ——钢丝电阻应变灵敏系数。

利用式（2-1），可通过测定电阻变化来求得仪器承受的变形，差动电阻式仪器原理见图2-1。

由图2-1所知，在仪器内部绕着电阻值相近的直径仅为 0.04～0.06mm 的电阻钢丝 R_1 和 R_2，通过其受力前后两电阻比值，反应仪器的受力情况。其计算见式（2-2）～式（2-4）：

受外力作用前：
$$Z_1 = \frac{R_1}{R_2} \tag{2-2}$$

式中　Z_1——受外力作用前电阻比，$\times 10^{-6}$；

　　R_1、R_2——仪器电阻，Ω。

受外力作用后：
$$Z_2 = \frac{R_1 + \Delta R_1}{R_2 - \Delta R_2} \tag{2-3}$$

式中　　Z_2——受外力作用后电阻比，$\times 10^{-6}$；

　　R_1、R_2——仪器电阻，Ω；

　　ΔR_1、ΔR_2——受外力作用后仪器电阻的变化值，Ω。

由于 $R_1 \approx R_2 \approx R$，$|\Delta R_1| \approx |\Delta R_2| \approx |\Delta R|$。

因此，电阻比的变化量为：

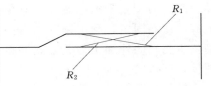

图 2-1　差动电阻式仪器原理示意图

$$\Delta Z = Z_2 - Z_1 = \frac{R_1}{R_2}\left(\frac{\Delta R_1}{R_1} + \frac{\Delta R_2}{R_2}\right) \approx \frac{2\Delta R}{R} \qquad (2-4)$$

式中　Z_1、Z_2——受外力作用前后电阻比，$\times 10^{-6}$；

　　　　ΔZ——受外力作用前后电阻比变化值，$\times 10^{-6}$；

　　R_1、R_2——仪器电阻，Ω；

ΔR_1、ΔR_2——受外力作用后仪器电阻的变化值，Ω。

此外，仪器电阻值随温度而变化，一般在 $-50\sim100℃$ 范围内，其用式（2-5）计算。

$$\left.\begin{aligned} R_T &= R_0(1 + \alpha T + \beta T^2) = R_0 + \frac{T}{a'} \\ T &= a'(R_T - R_0) \end{aligned}\right\} \qquad (2-5)$$

式中　T——温度，$℃$；

　R_0、R_T——0℃和 $T℃$ 时仪器电阻，Ω；

　α、β——钢丝电阻一次与二次温度系数，一般取 $2.89\times10^{-3}/℃$ 及 $2.2\times10^{-6}/℃$。

式（2-5）关系为二次曲线，为简化计算，一般采用零上、零下两个近似直线进行拟合，其用式（2-6）、式（2-7）计算：

$$R_T = R_0(1 + a'T) \qquad (2-6)$$

或

$$R_T = R_0(1 + a''T) \qquad (2-7)$$

式中　R_0、R_T——0℃和 $T℃$ 时仪器电阻，Ω；

　　　a'——0℃以上时的温度系数，$℃/\Omega$；

　　　a''——0℃以下时的温度系数，$℃/\Omega$，$a'' \approx 1.09a'$。

由上述可知，在仪器的观测数据中，包含着有外力作用引起的 Z 和由温度变化引起的 T 两种因数，所要观测的物理量 P 是 Z 和 T 的函数，即 $P = \psi(Z, T)$，其计算为式（2-8）：

$$P = f\Delta Z + b\Delta T \qquad (2-8)$$

式中　f——仪器最小读数，$10^{-6}/0.01\%$；

　　　b——仪器温度补偿系数，$10^{-6}/℃$；

　　ΔT——仪器温度变化量，$℃$；

　　ΔZ——仪器电阻比变化量。

（2）振弦式传感器。振弦式仪器中的关键部件为一张紧的钢弦，它与传感器受力部件连接固定，利用钢弦的自振频率与钢弦所受到的外加张力关系式测得各种物理量，钢弦式仪器原理见图2-2。

钢弦自振频率与钢弦所受应力的关系为式（2-9）：

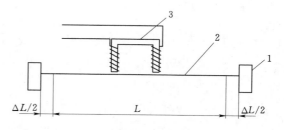

图 2-2　钢弦式仪器原理图

1—夹线器；2—钢弦；3—电磁铁

$$f = \frac{1}{2L}\sqrt{\frac{\sigma}{\rho}} \qquad\qquad (2-9)$$

式中 f——钢弦自振频率，Hz；

$\quad\quad L$——钢弦长度，m；

$\quad\quad \sigma$——钢弦所受的应力，MPa；

$\quad\quad \rho$——钢弦材料的密度，kg/m³。

由式（2-9），若以钢丝的应变表示，其计算为式（2-10）：

$$f = \frac{1}{2L}\sqrt{\frac{E\varepsilon}{\rho}} \qquad\qquad (2-10)$$

式中 E——钢弦材料的弹性模量，MPa；

$\quad\quad \varepsilon$——钢弦的应变，$\times 10^{-6}$；

$\quad\quad f$——钢弦自振频率，Hz；

$\quad\quad L$——钢弦长度，m；

$\quad\quad \rho$——钢弦材料的密度，kg/m³。

由此可以简化为式（2-11）：

$$\varepsilon = \frac{4L^2 f^2 \rho}{E} \qquad\qquad (2-11)$$

式中 E——钢弦材料的弹性模量，MPa；

$\quad\quad \varepsilon$——钢弦的应变，MPa；

$\quad\quad f$——钢弦自振频率，Hz；

$\quad\quad L$——钢弦长度，m；

$\quad\quad \rho$——钢弦材料的密度，kg/m³。

当仪器材料、钢丝长度确定后，$K = 4L^2\rho/E$ 为常数，所以钢弦式仪器所测应变量与弦的自振频率的平方呈线性关系。由于钢弦式传感器的钢弦是在一定初始应力下张紧，其初始自振频率为 f_0，发生应力变化后的自振频率为 f，可得出式（2-12）：

$$\varepsilon = K(f^2 - f_0^2) \qquad\qquad (2-12)$$

式中 ε——钢弦的应变，MPa；

$\quad\quad f$——钢弦自振频率，Hz；

$\quad\quad f_0$——钢弦初始自振频率，Hz。

（3）电感式传感器。电感式传感器是建立在电磁感应基础上，利用线圈的电感变化来实现非电量电测的传感器，它可以把输入的各种机械物理量如位移、振动、压力、应变、流量、相对密度等参数转换成电量输出，实现信息的远距离传输、记录、显示和控制。根据工作原理的不同，电感式传感器可分为变磁阻式（自感式）传感器、差动变压器式或涡流式（互感式）传感器等。

1）变磁阻式（自感式）传感器。电感式传感器的结构形式多种多样，包括线圈、铁芯和衔铁3部分，变磁阻式传感器结构见图2-3。

电感式传感器的铁芯和活动衔铁均由导磁材料如硅钢片或镀膜合金制成，可以是整体的或者叠片的，衔铁或铁芯之间有空气间隙 δ。当衔铁移动时，磁路中气隙的磁阻发生变化，从而引起线圈电感的变化，这种电感的变化与衔铁位置即气隙大小相对应。因此，只

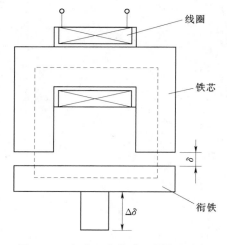

线圈

铁芯

δ

衔铁

$\Delta\delta$

图 2-3 变磁阻式传感器结构示意图

要能测出这种电感量的变化，就能判定出衔铁位移量的大小。电感式传感器就是具有这种原理设计制作的。

根据电感的定义，设电感传感器的线圈匝数为 W，则线圈的电感量 L 为，其关系按式（2-13）、式（2-14）计算：

$$L = W\Phi/I \tag{2-13}$$

$$\Phi = IW/R_M = IW/(R_F + R_\delta) \tag{2-14}$$

式中 Φ——磁通，Wb；

I——线圈中的电流，A；

R_F——铁芯磁阻，H^{-1}；

R_δ——空气间隙磁阻，H^{-1}。

R_F 和 R_δ 按式（2-15）、式（2-16）计算：

$$R_F = l_1/\mu_1 S_1 + l_2/\mu_2 S_2 \tag{2-15}$$

$$R_\delta = 2\delta/\mu_0 S \tag{2-16}$$

式中 l_1——磁通通过铁芯的长度，m；

l_2——磁通通过衔铁的长度，m；

S_1——铁芯横截面积，m^2；

S_2——衔铁横截面积，m^2；

μ_1——铁芯在磁感应值为 B_1 时的导磁率，H/m；

μ_2——衔铁在磁感应值为 B_2 时的导磁率，H/m；

δ——气隙长度，m；

S——气隙截面积，m^2；

μ_0——空气导磁率，$4\pi \times 10^{-7}$ H/m。

其中，μ_1、μ_2 的计算为式（2-17）：

$$\mu_1 = (B/H)4\pi \times 10^{-7} \tag{2-17}$$

式中 B——磁感应强度，T；

H——磁场强度，A/m；

μ_1——导磁率，H/m。

由于电感式传感器采用的道磁材料一般都工作在非饱和状态下，其导磁率 μ_0 数千倍甚至数万倍，因此导磁率 R_F 和空气隙磁阻率 R_δ 相比非常小，常常可以忽略不计。这样，电感量 L 按式（2-18）计算：

$$L = W^2/R_\delta = W^2 \mu_0 S/2\delta \tag{2-18}$$

式（2-18）中，线圈匝数 W 和空气隙率 μ_0 是固定的，当气隙截面积 S 或者气隙长度 δ 发生变化时，会引起电感量 L 的变化，从而可以测得位移量或角位移量。

2）差动变压器式或涡流式（互感式）传感器。通过利用电磁感应中的互感现象，将被测位移量转换成线圈互感的变化。差动变压器式传感器的结构型式有变隙式、变面积式和螺线管式等。

传感器由初级线圈 ω 和两个参数完全相同的次级线圈 ω_1、ω_2 组成。线圈中心插入圆柱形铁芯 p，次级线圈 ω_1、ω_2 反极性串联。当初级线圈 ω 加上交流电压时，如果 $e_1 = e_2$，则输出电压 $e_1 = 0$；当铁芯向上运动时，$e_1 > e_2$；当铁芯向下运动时，$e_1 < e_2$。铁芯偏离中心位置愈大，e_0 愈大。差动变压器式传感器结构见图 2-4。

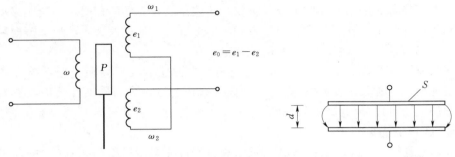

图 2-4　差动变压器式传感器结构示意图　　图 2-5　平板电容器示意图

（4）电容式传感器。电容式传感器是指能将被测物理量转化为电容变化的一种传感元件。众所周知，电容器的电容是构成电容器的两极板形状、大小、相互位置、电介质的介电常数的函数。

对于最简单的平板电容器见图 2-5，其电容量 C 计算为式（2-19）：

$$C = \varepsilon S/d \tag{2-19}$$

式中　ε——介质的介电常数，F/m；

　　　S——极板的面积，m^2；

　　　d——极板间距离，m。

如将一侧极片固定；另一侧极片与被测物体相连，当被测物体发生位移时，将改变两极片间电容的大小。通过一定测量线路将电容转换为电信号输出，即可测定物体位移的大小。将两个结构完全相同的电容式传感器共用一个活动电极，即组成差动电容式传感器。

对于圆筒形电容器见图 2-6，其电容量 C 计算为式（2-20）：

$$C = 2\pi\varepsilon L/\ln(R_A/R_B) \tag{2-20}$$

式中　L——圆筒长度，m；

　R_A、R_B——半径，m。

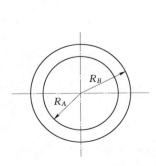

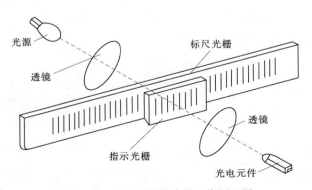

图 2-6　圆筒形电容器示意图　　　图 2-7　光纤光栅传感器工作原理图

（5）光纤光栅传感器。光纤光栅式传感器（optical grating transducer）指采用光栅叠栅条纹原理测量位移的传感器。其主要原理如下：光栅是在一块长条形的光学玻璃（或光纤）上密集等间距平行的刻线，刻线密度为 $10\sim100$ 线/mm。由光栅形成的叠栅条纹具有光学放大作用和误差平均效应，因而能提高测量精度。传感器由标尺光栅、指示光栅、光路系统和测量系统四部分组成（见图 2-7）。标尺光栅相对于指示光栅移动时，便形成大致按正弦规律分布的明暗相间的叠栅条纹。这些条纹以光栅的相对运动速度移动，并直接照射到光电元件上，在它们的输出端得到一串电脉冲，通过放大、整形、辨向和计数系统产生数字信号输出，直接显示被测的位移量。

光纤光栅主要分两大类：一是 Bragg 光栅（也称反射或短周期光栅，布拉格光栅）；二是透视光栅（也称长周期光栅）。光纤光栅从结构上可以分为周期性结构或费周期性结构，从功能上还可以分为滤波形光栅和色散补偿形光栅，色散补偿形光栅是非周期光栅，又称光栅（Chirp 光栅）。

Bragg 光栅条件：满足 $\lambda B = 2n\Lambda$ 的波长就被光纤光栅所反射回去（其中 λB 为光纤光栅的中心波长；Λ 为光栅周期；n 为纤芯的有效折射率），见图 2-8。

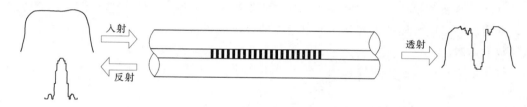

图 2-8 Bragg 光栅示意图

当光波传输通过 Bragg 光栅时，满足 Bragg 条件的光波将被反射回来，这样入射光就分成透射光和反射光。Bragg 光栅的反射波长或透射波长取决于反向耦合模的有效折射率 n 和光栅周期 Λ，任何使这两个参量发生改变的物理过程都将引起光栅 Bragg 波长的漂移，测量此漂移量就可直接或间接地感知外界物理量的变化，其原理见图 2-9。

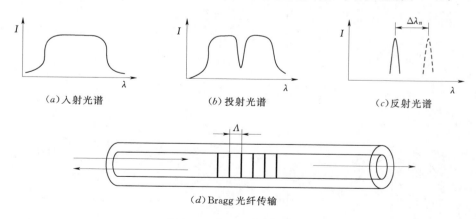

（a）入射光谱   （b）投射光谱   （c）反射光谱

（d）Bragg 光纤传输

图 2-9 Bragg 光栅原理图

在只考虑光纤受到轴向应力的情况下，应力对光纤光栅的影响主要体现在两方面：热光效应使折射率改变，热膨胀效应使光栅周期改变。当同时考虑应变与温度时，弹光效应与热光效应共同引起折射率的改变，应变和热膨胀共同引起光栅周期的改变。假设应变和温度分别引起 Bragg 波长的变化是相互独立的，则两者同时变化时，光纤光栅的中心波长与温度和应变的关系为式（2-21）：

$$\frac{\Delta\lambda_B}{\lambda_B} = (\alpha_f + \xi)\Delta T + (1 - P_e)\Delta\varepsilon \qquad (2-21)$$

其中
$$\alpha_f = \frac{1}{\Lambda}\frac{d\Lambda}{dT}$$

$$\xi = \frac{1}{n}\frac{dn}{dT}$$

$$P_e = -\frac{1}{n}\frac{dn}{d\varepsilon}$$

式中　α_f——光纤的热膨胀系数，m/K；

ξ——光纤材料的热光系数，m/K；

P_e——光纤材料的弹光系数，m/K。

理论上只要测到两组波长变化量就可同时计算出应变和温度的变化量。对于其他的一些物理量，如加速度、振动、浓度、液位、电流、电压等，都可以设法转换成温度或应力的变化，从而实现测量。

3 监测仪器检验

监测仪器从工厂运至现场，在埋设前，必须进行全面检验，确保埋设的仪器是合格、稳定、可靠的仪器。

3.1 检验目的及内容

3.1.1 检验目的

（1）校核仪器出厂参数的可靠性。监测仪器属于计量仪器的范畴，只能通过检验才能准确判断各仪器设备的出厂性能参数的可靠性，才能准确地将电测量转换成物理量，为安全监测成果分析提供准确的资料。

（2）检验仪器工作的稳定性，保证仪器的长期稳定。

（3）检验仪器搬运过程中是否损坏。

3.1.2 检验依据

检验依据主要包括：

（1）国家或行业相关规程规范。

（2）工程设计文件要求。

3.1.3 检验内容

检验内容主要包括：力学性能、温度性能、绝缘性能、耐水压性能。

3.2 检验准备

检验前，应仔细检查厂家仪器卡片，核实待检验仪器的量程、温度和耐水压指标，并确定进行同等级试验，以免损坏仪器。

3.2.1 开箱检查

监测仪器及其辅助设备运至现场后，进行开箱检查和验收，具体检查和验收的内容主要包括下列几点内容：

（1）监测仪器设备名称、类型是否与技术要求及监测仪器设备需求计划相符。

（2）仪器设备数量以及备件与发货单是否一致。

（3）监测仪器的装箱清单、使用说明书、产品合格证、仪器技术参数及其他技术资料是否齐全。

（4）检查仪器外观有无损伤痕迹、锈斑等。

（5）用兆欧表测量仪器本身的绝缘电阻是否达到出厂值。

（6）用相配套的二次仪表测读仪器是否正常。

经检验，若发现有缺陷的仪器及时进行退（换）货处理。

3.2.2 检验用仪表和设备

监测仪器检验所需仪表及设备见表3-1。

表3-1   监测仪器检验所需仪表及设备

序号	名　称	检验项目	量程	精度等级	备　注
1	恒温水箱	温度性能检验	0～70	0.1℃	差阻式仪器温度检验
2	标准水银温度计	温度性能检验	$-30～20℃$、0～50℃、50～100℃	0.1℃	棒式、内标式
3	千分表	仪器力学性能检验	0～1mm	0.001mm	应变计检验
4	百分表	仪器力学性能检验	0～10mm	0.01mm	小量程测缝计检验
5	大量程百分表	仪器力学性能检验	0～50mm	0.01mm	大量程测缝计检验
6	电子数显卡尺	仪器力学性能检验	0～300mm	0.01mm	大量程位移计、测缝计等检验
7	精密压力表	仪器力学性能检验	0～1.0MPa、0～1.6MPa、0～4.0MPa	1.6级	渗压计力学检验以及仪器耐水压检验
8	活塞压力计	仪器力学性能检验	6MPa	—	用于渗压计检验和仪器耐水压检验
9	校正仪	仪器力学性能检验	0～25mm、0～40mm、0～150mm	—	用于应变计和位移计检验
10	万能材料试验机	仪器力学性能检验	1000kN	—	用于钢筋计、压应力计、锚索测力计检验
11	二次仪表	读数	—	—	频率计、比例电桥等检验
12	温、湿度计	用于监测环境量	温度：0～60℃；湿度：0～100%	—	
13	空调	用于环境温度控制			

检验所用计量仪表应定期送有资质的计量检定单位检定/校准，经检验合格后，方可投入使用。

3.3　检验方法

3.3.1　力学性能检验

仪器力学性能检验根据检验的方法和所使用的设备不同，大致可以分成位移类、液位（液压）类、应力类、应变类仪器。

由于振弦式仪器的检验项目、检验条件、设备及检验方法可参照差动电阻式仪器进行。因此，这里主要介绍差阻式仪器的检验。差阻式仪器的检验方法如下。

（1）位移类仪器。仪器主要包括：多点位移计、测缝计、裂缝计和变形计等。

1）试验条件和设备。

环境温度为 10～30℃，并确保在整个检验过程中保持稳定，相对湿度不大于 80％。设备主要包括：校正仪 1 台、百分表 1 块（或游标卡尺，量程根据位移计量程选择）、数字电桥 1 台、扳手 2 把、起子 1 把和记录纸笔等。

2）检验步骤。

①检验前预先将仪器在参比工作条件下放置 24h 以上。

②把仪器的电缆线按芯线颜色相应地接到水工比例电桥的接线柱上，测量并记录仪器自由状态下的电阻、电阻比及环境温度；夹紧后与自由状态下的电阻比变化不大于 $20×0.01％$。在测量范围上、下限的 1.2 倍内预先拉压循环 3 次以上，直到测值稳定。仪器全量程内测试点应均布，且不少于 6 个。

③把百分表装到校正仪的表架上，移动表架使百分表的活动杆顶到位移计的一端中部，根据位移计的量程来决定预压长度，使百分表内小指针指到中部位置固定，调整表盘，使长指针指零。

④摇动校正仪手柄，将仪器预拉到仪器最大拉伸长度后，反摇手柄回零。继续反摇，压缩仪器到最大压缩长度。回摇手柄再回零，如此反复进行 3 次。

⑤记录仪器夹紧后和分级拉压时的电阻和电阻比，每级拉或压都测读数据。

3）指标计算。

①端基线性度。先将仪器下行至下限值量测电阻比之后，逐挡上行，并逐挡测试，全程共测得 n 个电阻比，后向下行，逐挡测试。同样，测得 n 个电阻比，共完成 3 次循环，分别计算下列各值：

各点总平均值按式（3-1）计算：

$$(Z_a)_i = \frac{(Z_u)_i + (Z_d)_i}{2} \qquad (3-1)$$

式中　$(Z_u)_i$——上行第 i 挡测点电阻比测值的平均值；

　　　$(Z_d)_i$——下行第 i 挡测点电阻比测值的平均值。

各挡测点的理论值按式（3-2）计算：

$$Z_{ti} = \frac{\Delta z i}{n-1} + Z_a \qquad (3-2)$$

式中　i——测点序号（0，1，…，$n-1$）；

　　　Δz——量程上下限各自 6 次电阻比测值的平均值之差。

各测点电阻比测值的偏差按式（3-3）计算：

$$\delta_i = (Z_a)_i - (Z_t)_i \qquad (3-3)$$

仪器端基线性度误差按式（3-4）计算：

$$\alpha_1 = \frac{\Delta_1}{\Delta z} × 100\% \qquad (3-4)$$

式中　Δ_1——取 δ_i 的最大值。

②非直线度 α_2。可利用本节端基线性度检验的测值计算非直线度，按式（3-5）计算：

$$\alpha_2 = \frac{\Delta_2}{\Delta z} \times 100\% \qquad (3-5)$$

式中　Δ_2——每一循环各测点上行及下行两个电阻比测值之间的差值取最大值。

③不重复性误差 α_3。可利用本节端基线性度检验的测值计算不重复性误差，按式（3-6）计算：

$$\alpha_3 = \frac{\Delta_3}{\Delta z} \times 100\% \qquad (3-6)$$

式中　Δ_3——3 次循环中各测点上行及下行的各自 3 个电阻比测值之间的差值，取最大值。

④最小读数 f。可利用本节端基线性度检验的测值计算和检验各仪器的最小读数 f，按式（3-7）计算：

$$f = \frac{\Delta L}{\Delta z} \qquad (3-7)$$

式中　ΔL——相当于全量程的变形量，mm。

误差按式（3-8）计算：

$$\alpha_f = \frac{f_T - f_i}{f_T} \times 100\% \qquad (3-8)$$

式中　f_T、f_i——仪器厂家和用户检验的 f 值。

4）误差要求。力学性能检验的各项误差，其绝对值应不大于表 3-2 的规定。

表 3-2　　　　　　　　　　　　力 学 性 能 检 验 标 准

项　　目	α_1	α_2	α_3	α_f
差阻式限差/%	2	1	1	3
振弦式限差/%	2	1	1	1

（2）液位（液压）测量仪器。这类仪器主要有渗压计、自记式水位计等。

1）试验条件和设备。环境温度为 10～30℃，并确保在整个检验过程中保持稳定；相对湿度不大于 80%。主要设备包括：活塞式压力计、压力表（与渗压计量程相匹配）、数字电桥 1 台、扳手 2 把、起子 1 把和记录纸笔等。

2）检验步骤。

①将传感器小心地固定在活塞式压力计上。

②按照仪器的量程，将测试挡按等间距地划挡，仪器全量程内测试点应均布，且不少于 6 个。逐级加压和读取测值，并做好记录。

③按第②步方法进行正反行程 3 个循环。

3）指标计算。按式（3-1）～式（3-8）计算传感器的端基线性度、非直线度、不重复性误差、最小读数等指标，并按表 3-2 进行对比判定仪器是否合格。

（3）应力类仪器。仪器主要包括：钢筋计、锚索测力计、压力计和应力计等。

1）试验条件和设备。环境温度为 10～30℃，并确保在整个检验过程中保持稳定，相对湿度不大于 80％。主要设备包括一级万能材料试验机以及与仪器类型对应的二次仪表。

2）检验步骤。

①将传感器小心地放在试验平台上。

②检验前应在测量范围上、下值的 1.2 倍内预先拉（压）循环 3 次以上，直至测值稳定。

③根据仪器的量程，将测试挡按等间距划挡，仪器全量程内测试点应均布，且不少于 6 个。逐级加压和读取测值（根据仪器测量的是力或者应力的区别，应做必要的换算），并做好记录。

④按第③步方法进行正反行程 3 个循环。

3）指标计算。按式（3-1）～式（3-8）计算传感器的端基线性度、非直线度、不重复性误差、最小读数等指标，并按表 3-2 进行对比判定仪器是否合格。

（4）应变类仪器。仪器主要包括：应变计、无应力计、钢板计等以应变量标示的仪器。

1）试验条件和设备。环境温度为 10～30℃，并确保在整个检验过程中保持稳定，相对湿度不大于 80％。主要设备包括：校正仪、千分表以及与仪器类型对应的二次仪表。

2）检验步骤。

①将传感器两端固定在相应的校正仪上。

②把仪器的电缆线按芯线颜色相应地接到水工比例电桥的接线柱上，测量并记录仪器自由状态下的电阻、电阻比及环境温度；夹紧后与自由状态下的电阻比变化不大于 20×0.01％。在测量范围上、下限的 1.2 倍内预先拉压循环 3 次以上，直到测值稳定。

③根据仪器的量程，将测试挡按等间距划挡，仪器全量程内测试点应均布，且不少于 6 个。逐级加压和读取测值（根据仪器测量的是力或者应力的区别，应做必要的换算），并做好记录。

④按第③步方法进行正反行程 3 个循环。

3）指标计算。按式（3-1）～式（3-8）计算传感器的端基线性度、非直线度、不重复性误差、最小读数等指标，并按表 3-2 进行对比判定仪器是否合格。

3.3.2 温度性能检验

（1）试验条件、设备及要点：

1）参比工作条件。环境温度为 20℃±2℃，环境相对湿度不大于 80％。

2）主要设备。二级标准水银温度计，自控恒温水槽，水工比例电桥，500V 直流兆欧表。

3）检验要点。

①检验电阻时，仪器之间需 8～10cm、直径小于 3cm 的碎冰层，用洁净的自来水（水与冰比例为 1：2）或蒸馏水。保证仪器在 0℃情况下恒温 2h，测值已稳定不变时再测读。

②检验温度系数时，仪器要测试浸入水下 5cm，勿使仪器碰到加热器，保持温度变化

在 ±0.1℃ 以内的情况下恒温 1h 以上，测值已稳定不变时再测读。

③在测记温度和电阻的同时，测量仪器的电阻比和绝缘电阻，并记录最低、最高温度时的电阻比和绝缘电阻。检验温度按表 3-3 分挡。

表 3-3 温度检验分挡规定表

仪 器	检验温度/℃			
温度计	0	35	70	—
差动式仪器	0	20	40	60

注 差阻式渗压计检验至 40℃。

（2）电阻检验：

1）温度计直接测量时仪器的电阻。

2）差动电阻式仪器测量电阻后，均应按式（3-9）计算：

$$R'_0 = R_0 \left(1 - \frac{\beta}{8} T_1^2\right) \tag{3-9}$$

式中 R'_0——计算电阻，Ω；

R_0——实测电阻，Ω；

β——系数，由厂家提供；

T_1——60℃（渗压计取 40℃）。

（3）温度常数检验：

1）温度计的温度常数 a 按式（3-10）计算：

$$a = \frac{1}{R_0 a_0} \tag{3-10}$$

式中 a_0——铜丝材料的电阻温度系数，由厂家提供。

2）除温度计外，其他差动电阻式仪器的 0℃ 以上和 0℃ 以下的温度常数 α'、α'' 分别按式（3-11）和式（3-12）计算：

$$\alpha' = \frac{1}{R_0 (\alpha + \beta T_1)} \tag{3-11}$$

$$\alpha'' = (1.066 \sim 1.097)\alpha' \tag{3-12}$$

式中 α——电阻温度系数，由厂家提供。

（4）温度绝缘检验。在进行温度性能检验时，测量温度达到量程上限时的仪器绝缘电阻；在进行 0℃ 电阻检验时，测量仪器处于 0℃ 时的绝缘电阻。

（5）检验要求。仪器温度性能检验后，各项指标与出厂系数计算结果之差的绝对值及绝缘电阻应满足表 3-4 要求。建议使用最小二乘法进行仪器计算电阻和温度常数的计算。

表 3-4 温度性能检验标准

项 目	R /Ω	$R\alpha'$ /℃	T/℃		R_x/MΩ
			温度计	差动电阻式仪器	绝缘电阻绝对值
限差	≤0.1	≤1	≤0.3	≤0.5	60

3.3.3　绝缘及耐水压性能检验

（1）主要设备。高压容器 1 个（根据试验要求选择合适的耐高压容器），水压机 1 台，1～2 级压力表，量程根据需要选择，500V 直流兆欧表，专用夹具及电缆引出管止水橡皮塞。

（2）检验步骤。

1）进行仪器绝缘度测试。绝缘电阻不小于 200MΩ 的仪器为初检合格仪器，将合格的仪器放入水中浸泡 24h 之后再测其绝缘度，绝缘电阻仍不小于 200MΩ，认为仪器在无水压状态下具有防水能力。

2）将初检合格的仪器放入压力容器，把电缆线从出线孔引出，将封盖关好。用高压皮管将泵与压力容器连接，启动压力泵，使压力容器充水，待水从压力表安装孔溢出，排除压力容器内所有的空气后，再安装上同级别标准压力表，拧紧电缆出线孔螺丝。

3）加压设备给高压容器内仪器进行压水，加压到最高试验压力，观测密封情况是否完好。

4）压水持续时间不少于 0.5h，用 500V 直流兆欧表测仪器的绝缘度（振弦式仪器使用 100V 兆欧表测试），绝缘电阻不小于 200MΩ 为防水性能合格。

3.3.4　电缆检验

（1）电缆检验前的准备工作。

1）用万用表检查电缆的通电情况、检验芯线的电阻值大小。

2）用兆欧表检查芯线间的绝缘性、芯线与屏蔽线间的绝缘性。

3）根据技术要求检查电缆的结构、材料、芯线精细等要素。

4）将电缆在压力容器中 0.5～2MPa 水压力下浸泡 24h 后，用兆欧表检查芯线间的绝缘性、芯线与屏蔽线间的绝缘性，以判断电缆的耐水压性能。

电缆采取抽检的方式进行检验，抽样的数量为检验批的 10%，同生产厂家、同型号、同批出厂的电缆为一检验批，其余所有电缆线进行通电和绝缘性测试。

（2）检验内容步骤。

1）检查电缆在 100m 内有无接头。

2）用数字电桥分别测量电缆的芯线黑、蓝、红、绿、白的电阻，单芯电阻测值不超过 3Ω/100m。每 100m 电缆芯线之间的电阻差值不大于单芯电阻的 10%。

3）用 500V 直流电阻表测量电缆各芯线间的绝缘电阻，测值应不小于 100MΩ。

4）电缆和电缆接头在温度为 −25～60℃，承受水压为 2.0MPa 时，绝缘电阻不小于 100MΩ。

4 环境量监测

　　一般情况下混凝土建筑物的性状变化除了受自重荷载影响外，主要受其环境量因素的影响。环境量监测的目的是为了解环境量的变化规律及对混凝土建筑物变形、渗流和应力应变等的影响。只有取得准确可靠的环境量数据，才能客观地分析效应量的成因和变化规律，发现运行中的异常效应量。

　　环境量监测项目主要包括：水位监测、水温监测、温度和湿度监测、风速监测、降雨量监测、冰压力监测、淤积和冲刷监测等。

4.1 水位监测

　　水位监测的内容相当广泛，主要包括：地下水、河流、湖泊、蓄水池、水库等水位监测。

4.1.1 监测仪器

　　监测仪器主要包括：水尺监测和水位计监测等，可根据具体的地形和水流条件选用。

4.1.2 监测方法

　　（1）水尺监测。一般分为木质和搪瓷两种。木质水尺宽 10cm、厚 2～3cm、长 1～4m，表面用红白蓝或红黄黑油漆画分格距，每格距为 1cm，每 10cm 和每 1m 处标注数字。搪瓷水尺宽 7cm、长 1m，尺面是白底蓝条或白底红条分格距并标注数字。水尺钉在木桩上，并面对岸库以便观测，水尺的观测范围要高于最高水位和低于最低水位各 0.5m。因此，常需设置一组水尺，相邻水尺间应有 0.1～0.2m 的重合，直立式水尺安装见图 4-1。

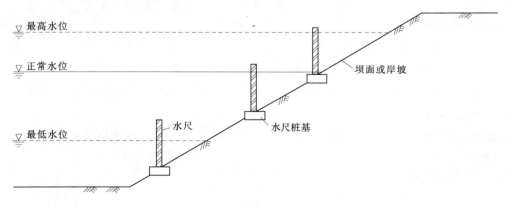

图 4-1　直立式水尺安装示意图

　　（2）水位计监测。水位计监测主要包括：电测水位计和遥测水位计。

1）电测水位计适用于测压管、钻孔、井体和其他埋管中低于管口的水位或地下水位的测量。电测水位计由测头、电缆、滚筒、手摇柄和指示器等组成。典型的结构形式有提闸式和卷筒式。有的电测水位计在测头中还装有测温元件，在测水位的同时兼测水温。

2）遥测水位计是常见的传感器式在江河、湖泊、水库、地下水及其他天然水体中，无需建造水位测井、实现水位远传显示和定时记录。对于小孔径以及水位深埋超过数十米甚至数百米的地下水位变化测量，更能突出其优点。

4.1.3 数据处理

水位监测数据的收集包括：测点位置、观测时间、天气、气温、水温、上下游水位、初始水位值、测值等内容。观测数据采集后，可以计算出目前的水位变化情况，绘制出水位随时间的变化曲线。

4.2 水温监测

在靠近上游坝面的库水中，布置测温垂线，其位置与重点监测坝段一致，监测混凝土上游坝面温度的测点可作为水库水温的测点。

4.2.1 监测仪器

常用监测仪器有电阻式温度计、振弦式温度计、分布式测温光纤等。

4.2.2 监测方法

监测方法是将温度计牢固固定在测点处，电缆设套管进行保护并牵引至测站，以便读数。

4.2.3 数据处理

数据处理是将数据采集后进行成果计算及绘制时间与水温历时过程线。

4.3 温度和湿度监测

4.3.1 监测仪器

常用监测仪器包括：直读式温度计、最高温度计、自计温度计和温度（湿度）计等。

4.3.2 监测方法

监测方法在坝区附近至少应设置一个气温测点，通常在百叶箱内放置仪器进行监测。

4.3.3 数据处理

数据处理是将数据采集后进行成果计算及绘制时间与气温、湿度历时过程线。

4.4 风速监测

4.4.1 监测仪器

常用监测仪器为风速仪。

4.4.2　监测方法

监测方法在监测部位安装风速仪和风向仪，按要求直接测读风速、风向和风力。

4.4.3　数据处理

数据处理对采集的风速、风向和风力等数据制作统计报表，并绘制历时过程线。

4.5　降雨量监测

4.5.1　监测仪器

常用监测仪器包括：雨量器和雨量计等。

4.5.2　测点选择及监测方法

（1）降雨量测点选择。

1）坝址区至少布置一个降雨量观测点，观测场地面积不小于4m×4m。

2）为使降雨量观测场地上观测的降雨量能够代表水平地面上的水深，降雨量观测场地应空旷、平坦，不受突变地形、树木、建筑物以及烟尘的影响，同时应避开强风区。

3）若降雨量观测场地无法避开树木和建筑物等障碍时，为保证降水倾斜降落时周围的物体不会影响降水落入测量仪器内，要求测量仪器的障碍物边缘距离达到障碍物高度的2倍以上。如果仍然无法满足要求，测量仪器与障碍物边缘的距离不小于障碍物与仪器口高差的2倍。

4）山区中的降雨量观测场地不宜布置在陡坡上和峡谷内，布置在相对平坦的场地上，并使仪器口和山顶之间的仰角小于30°。

5）如果实在难以找到满足上述要求的观测场地，可用杆式雨量器（计）进行监测。在有障碍物的场地使用杆式雨量器（计），仪器应设在当地雨期常年盛行风向过障碍物的侧风区，杆与障碍物边缘的距离应大于障碍物高度的1.5倍。在多风的高山、出山口和近海岸地区的雨量站，不宜使用杆式雨量器（计）。

（2）监测方法。在监测点安装雨量计并按要求读数、记录。

4.5.3　数据处理

数据处理是将数据采集后进行成果计算，绘制时间与降雨量历时过程线。

4.6　冰压力监测

4.6.1　监测仪器

常用监测仪器包括：温度计、压力计和全站仪等。

4.6.2　监测方法

库水结冰后，在冰面有代表性的区域布置位移测点，通过库岸上设置的控制点采用交会法定期观测冰盖的位移情况。

对于冬季水位较为稳定的水库，在库水结冰前，在距坚固建筑物前缘约20m的水中，自水面至最大结冰厚度以下 10～15cm 处，每隔 10～15cm 设置一个压力计，并在其附近相同深度处设置电阻温度计监测冰温。监测自结冰之日起开始，每天至少观测 2 次。在冰层胀缩变化剧烈期间，连续 3 天每隔 2～3h 观测 1 次，并同时进行冰厚和气温的观测。

消冰前，根据变化趋势，在坚固建筑物前缘的适当位置及时安装预先配备的压力传感器或土压力计进行监测。在风浪或流冰过程中应进行连续监测，并同时监测风力、风向和冰情。

4.6.3 数据处理

数据处理是将数据采集后进行位移和压力成果计算，并绘制历时过程线。

4.7 淤积和冲刷监测

4.7.1 监测仪器

常用监测仪器有 GPS、全站仪、测杆、测深锤或回声探测仪、监测船等。

4.7.2 监测方法

水下地形测量是利用声波在水中传播时，遇到密度不同的介质（如水底或其他物体）产生反射，根据声波往返的时间 t 及其在所测区域水中的传播速度 c，求得换能器至反射目标的直线距离，即测得水深 H，其按式（4-1）计算：

$$H = \frac{1}{2}ct \tag{4-1}$$

声波在水中的传播速度随水的温度、盐度和压力而变化。常温时，淡水中的声速为 1450m/s，海水中声速的典型值为 1500m/s。在使用回声测深仪之前，应对仪器进行率定，计算值要加以校正。水下地形测量见图 4-2。

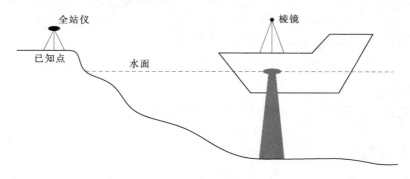

图 4-2 水下地形测量示意图

水下地形测量包括两部分：定位和水深测量。在观测条件比较好的情况下，考虑 RTK 具备比较高的高程确定精度。同时，严格考虑船姿的影响，无验潮模式下的水底点高程可通过式（4-2）确定：

$$G_i = H - D - h - \Delta a \tag{4-2}$$

式中　G_i——水底点高程，m；

H——GPS 相位中心的高程（通过 RTK 直接确定），m；

h——GPS 接收机天线相位中心距换能器面的垂距，m；

D——测量水深，m；

Δa——姿态引起的深度改正，m。

本次水下地形测量定位采用全站仪，水深测量采用的是回声测深仪的方法。这样就可以确定水底点的高程按式（4-3）计算：

$$G_i = H - (D + \Delta D) \qquad (4-3)$$

式中　G_i——水底点高程，m；

H——水面高程，m；

D——测量水深，m；

ΔD——换能器的静吃水位，m。

用 GPS、全站仪测量各点坐标，水下部分用回声测深仪测水深，用所测的深度换算出河底的三维坐标。具体监测方法如下：

（1）在测区附近选取有效已知坐标的控制点，并选择特征地形点作为测站点，用于布设监测断面和定位测深点。按照已知监测断面参数布设测深断面，在每个测深断面的纵桩号延长至两岸上竖立断面标杆，测船以断面标杆为目标沿断面行驶。

（2）根据现场具体情况规划好测量时间和任务分工，测站全站仪设置为快速测量自动记录模式。在测深面上安装好测深仪及反光棱镜，量取吃水深度与棱镜高。将测深仪和便携计算机等连接好，打开电源，做好测深仪配置，按照规划好的作业方案进行数据采集。断面点偏离纵桩号方向可保持在 2m 内，因测量员在岸上随时指导行驶方向，机动船行驶方向能够较好的控制。

4.7.3　数据处理

数据处理是将各断面测点的数据保存在仪器里，外业数据采集回来，再把仪器里数据传输到电脑，最后绘制断面图。

5 变 形 监 测

变形监测的主要目的是为掌握混凝土结构体水平位移、垂直位移、倾斜、挠度、裂缝、接缝等随时间和空间的变化规律。通过对这些部位的监测，能够综合而直观地反映工程的安全工作状态，使其在安全的前提下充分发挥效益。

5.1 水平位移监测

水平位移监测宜采用视准线法、交会法、全站仪极坐标法、引张线法、激光准直线法和垂线法等。

水平位移监测一般用光学或机械方法设置一条基准线，每次测出测点相对于基准线的位置，即可求出测点的位移。根据基准线的不同，可分为视准线法、交会法、引张线法、激光准直线法、垂线法等。此外，也采用一些大地测量方法，如交会法和全站仪极坐标法等。

5.1.1 监测方法

（1）视准线法。视准线法是在建筑物表面建立一条基准线，基准线由设置在两岸岩石上或土基上的两个永久性基墩控制。在一岸的基墩上安置精密全站仪；另一岸基墩上则安装固定觇标。用全站仪观测对岸固定觇标中心的视线，即为视准线。视准线法可按照实际情况选用活动觇牌法和小角度法。

建筑物各测点水平位移的量测，是通过量测各测点离视准线的偏离值来实现的。此偏离值可用测点处的活动觇标量测，称作活动觇标法。偏离值也可用全站仪量测视准线与坝上标点之间的小角求得，称作小角度法。视准线法监测技术要求见表 5-1。

表 5-1　　　　　　　　　　　视准线法监测技术要求表

精度要求 /mm	活动觇牌法				小角度法				
	视准线长度 /m	测回数	正镜或倒镜两次读数差/mm	测回间方向值之差 /mm	视准线长度 /m	测回数	测角中误差 /(")	半测回读数差 /(")	测回差 /(")
±3	≤300	3	2	1.5	≤500	3	1.0	3.5	2.5
±5	≤500	3	3.5	3.0	≤600	3	1.8	4.5	3.0

注　视准线监测应采用测角精度不低于 1″级的全站仪进行监测，监测点埋设时偏离基准线应不大于 20mm。

采用全站仪视准线法观测水平位移，虽然方法简便。但受到仪器望远镜放大倍率和折光等因素的影响，当量测距离较长时，往往误差较大，观测精度难于满足要求。所以，在建筑物上视准线法有可能逐渐被观测精度较高的垂线和引张线法所代替。

（2）交会法。在测区下游根据地形特点布置一控制网，见图 5-1 中的四边形 $EFGH$，其中 G 和 H 两点为校核基点，E 和 F 为工作基点。观测时由校核基点 G 和 H，采用测边或测角方法，校核工作基点 E、F 的位移变化情况，然后由 E、F 两点观测坝上各测点的方向（角），通过计算确定这些点的位移。

交会法可采用测角交会、测边交会和测边测角交会法，应采用测角精度不低于 0.5″级，测距标称精度优于 $1mm+1\times10^{-6}\times D$ 的全站仪进行监测。交会法监测技术要求见表 5-2。

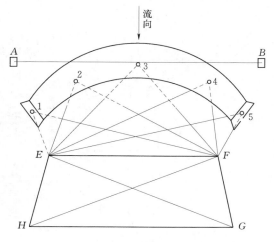

图 5-1　交会法示意图

1~5—点号

表 5-2　　　　　　　　　　　交会法监测技术要求表

精度要求 /mm	测角前方交会			测边前方交会			边角前方交会			
	测角中误差 /(″)	交会边长 /m	交会角 /(°)	测距中误差 /(″)	交会边长 /m	交会角 /(°)	测角中误差 /(″)	测距中误差 /(″)	交会边长 /m	交会角 /(°)
±3	±1.0	≤200	30~120	±2.0	≤500	70~110	±1.8	±2.0	≤500	40~140
	±1.8		60~120				±2.5			60~120
±5	±1.8	≤250	40~140	±3.0	≤500	60~120	±2.5	±3.0	≤700	40~140
	±2.5		60~120							

（3）全站仪极坐标法。极坐标法监测时，宜采用双测站法，每测站架设仪器后均应后视另一测站。全站仪极坐标法监测技术要求见表 5-3。

表 5-3　　　　　　　　　　　全站仪极坐标法监测技术要求表

点位中误差 /(″)	允许最大边长 /m	测距中误差 /(″)	测角中误差 /(″)	测回数	
				盘左	盘右
±3	700	±2	±1	2	2
±5	1000	±3	±1	3	3

注　照准一次测坐标 4 次为一次测回。

（4）引张线法见图 5-2。用一条不锈钢丝在两端挂重锤，或一端固定；另一端挂重锤，使钢丝拉直成为一条直线，利用此直线来测量建筑物各测点在垂直该线段方向上的水平位移。引张线一般在两端点以倒垂线为工作基点。

引张线法采用直接设置在测点上的读数尺，由人工测读水平位移。随着自动化技术的发展，已将引张线与自动化测读仪表做成一体化的监测系统，实现了自动化远程不间断监控。

（5）激光准直线法。分为真空激光准直线法和大气激光准直线法两种。真空激光准直法（见图 5-3）具有高精度、高效率、性能稳定、作业条件好、不受外界温度、湿度和

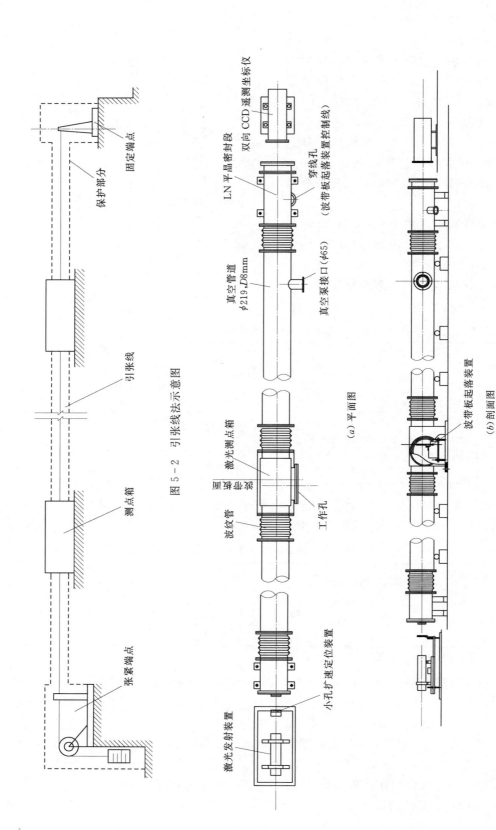

图 5 - 2 引张线法示意图

固定端点

保护部分

引张线

测点箱

张紧端点

（a）平面图

双向 CCD 遥测坐标仪

LN 平晶密封段

穿线孔

（波带板起落装置控制线）

真空管道
φ219、D8mm

真空泵接口（φ65）

激光测点箱

罩壳

保护箱

波纹管

工作孔

激光发射装置

小孔扩速定位装置

波带板起落装置

（b）剖面图

图 5 - 3 真空激光准直系统装配图

28

监测时间的限制等特点。真空激光准直系统宜设在廊道中，也可设在坝顶。大气激光准直法设在气温梯度较小、气流稳定的廊道内。目前，基本都采用真空激光准直系统。

（6）垂线法。可以同时测定建筑物各个高程的水平位移。正倒垂结合，可以为各种水平位移准直法提供位移基准值，精度高。在重力坝水平位移监测中，为优先选用项目。

垂线测量装置包括：正垂线和倒垂线两种，正垂线测量装置[见图5-4（a）]其固定点悬挂于欲测部位的上部，垂线下部设重锤，使该线始终处于铅垂状态，作为测量的基准线，垂线坐标仪则设置在沿线体布置的监测点上。倒垂线监测装置[见图5-4（b）]设备同样由垂线悬挂装置、垂线、重锤、浮筒和监测台组成。垂线设置在垂孔中的最佳位置（有效孔径中心）处。

5.1.2 监测仪器

常用监测仪器包括：全站仪、引张线系统、激光准直系统和垂线系统等。

5.1.3 仪器安装

（1）观测墩的修建。观测墩为现浇钢筋混凝土，结构坚固可靠，不易变形，底部开挖至新鲜或微风化基岩上，并与基岩紧密结合，保证观测墩的稳固。观测墩顶部设置强制对中盘，强制对中盘调整水平，不平度小于$4'$。

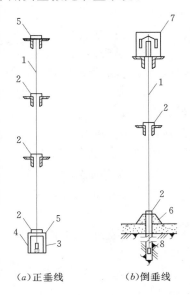

图5-4　垂线观测装置示意图
1—垂线；2—观测仪器；3—重锤；
4—油箱；5—支点；6—观测墩；
7—浮体组；8—锚固点

（2）引张线的安装。引张线测量系统由端点、测点装置、测线、保护管、保护箱和读数仪等部分组成。引张线的端点由混凝土墩座、夹线装置、滑轮、支架和重锤等部件组成。混凝土墩是设置端点各部件的基础，是整条引张线的基准，常与倒垂线相连。滑轮和重锤用以拉紧钢丝，锤的重量应视钢丝直径、允许应力、整条测线及测点之间的距离而定。长度为200~600m的引张线，一般采用40~80kg的重锤张拉。测线通常采用直径为0.8~1.2mm的不锈钢丝。测点装置由浮托装置（水箱、浮船）、读数尺（或引张线仪）、保护箱等部件组成，安装主要包括下列步骤：

1）先放出端点，测点及管道支架的平面位置，并测出其相对高差，以便按设计尺寸埋设时调整部件的高度。

2）如事先未留二期混凝土或连接物，用风钻或人工打孔预埋测点的插筋，再埋设安装各测点保护箱底板，要求底板保持水平。

3）埋设两端点的混凝土墩及埋设件，保证端点部件的底板水平。

4）安装保护管道及端点的保护箱。保护管采用ϕ160PVC管。安装时，使用经纬仪严格控制保护管位置，水平、垂直误差不应超过1cm，保护管中心控制在偏离引张线中心上游处1cm，保护管采用PVC管箍连接，每隔3~4m用钢支架或混凝土墩支撑，保护箱和测点及端点连接处封闭防风。

5) 线体采用 $\phi1.0mm$ 的钢丝，将钢丝由一端点通过保护管、测点保护箱牵引至另一端点，经过测点保护箱时穿上中间极。在牵线过程中，每个测点处派专人扶握中间极，以免中间极损坏或碰断极板。线体牵引完成后，在固定端对钢丝进行固定，在张紧端悬挂重锤对钢丝进行张紧。

6) 调整安装光学比测装置，保证测尺水平与引张线垂直。调整标尺的高程，使线体到标尺面之间的距离在规定的范围内。

7) 检查线体在测量范围内是否完全自由，将在某点线体人为给定一位移，分别测读各测点读数，并记录。最后放开线体使之自由并记录各测点读数，重复 3 次。分析观测数据判断线体是否自由，若不自由，进行排查处理。

8) 安装引张线仪。

9) 安装技术要点。引张线安装技术要点如下：

① 安装引张线时首先要注意每个测点位置须在同一条水平直线上，保护箱应在同一个平面上。

② 在布置前先用普通细线对所放的测点进行校正核对，避免直接用钢丝安装所造成的损坏。

③ 测点保护箱应在混凝土浇筑底座后安装固定，以免保护箱偏离使得箱内仪器在测读时出现误差。

④ 固定端和张拉端是测量位移的基准，要利用钢筋焊接固定，以免松动。

⑤ 固定端和张拉端钢丝都采用 "8" 字形固定，这样避免钢丝在受重锤长时间牵引力时发生断线。

⑥ 水箱水面应有足够的余地，以便调整测线高度满足测线在管内有足够的活动范围。寒冷地区应采用防冻液。

⑦ 张拉端滑轮需加润滑液，以免钢丝受到滑轮阻力。

(3) 激光准直系统的安装。激光准直系统（见图 5-5）包括：真空管道、测点槽、软连接段、两端干晶密封段、真空泵及其配件。真空管道宜选用无缝钢管，其内径应大于波带板最大通光孔径的 1.5 倍，或大于测点最大位移量引起像点的 1.5 倍，但不宜小于 150mm；管道内气压一般控制在 20kPa 以下，并应按此要求选择真空泵和确定允许漏气速度。安装步骤如下：

1) 真空管道的放样，主要包括下列步骤：

① 严格按设计位置进行真空管道的发射端、接收端、测点测墩以及管道的支墩放样

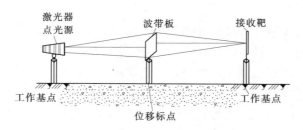

图 5-5 真空激光准直工作原理图

和施工；按真空管道中心轴线的高程控制各墩安装面的高程。

② 一般可以用位于激光准直系统中间部位的测墩中心线位置为基准，计算距测墩不同距离的各墩高程修正值。

③ 用高精度全站仪进行真空管道轴线的放样。控制各测墩中心线对轴线位置的偏差小于±1.5mm。

④ 用精密水准仪控制各墩的安装面高程。测墩与设计值的偏差控制在±3mm内，各支墩的偏差可适当放宽。待支墩底板安装完毕后，再用水准仪校测，求得各支墩的实际偏差，然后用钢垫板补偿，在控制支墩的高程时应扣除钢垫柱的名义尺寸值。

2）真空管道的焊接与安装，主要包括下列步骤：

① 钢管内壁进行除锈清洁处理，每两测点间选用2～3节整段钢管焊接，钢管对焊端在焊接前打30°坡口，采用双层焊；每段钢管焊成后，单独进行充气，用肥皂水或其他方法检漏，不应有渗漏。

② 用全站仪进行钢管和测点箱的安装定位，然后进行钢管与测点箱、波纹管的对接。

③ 根据真空泵的容量选用相应口径的抽气钢管，对组成的真空管道进行密封试验，用压缩空气或气泵将管道充气至0.15MPa，涂抹肥皂水进行检漏，包括密封圈部分，确保管道和测点箱密封达到要求后再进行测点仪器的安装。

3）真空泵的安装调试，主要包括下列步骤：

①将真空泵及其冷却系统的电缆接入控制箱，检查无误后，将控制箱面板处的工作方式选择开关打在手动位置；启动真空开关并注意皮带轮是否按正确方向旋转；如旋转方向相反，则立即停止真空泵启动，关掉控制箱内三相电源，将三相电源中的二根相线位置互换，再重复启动真空泵开关操作。

②真空泵启动后，即进行计时，并观察节点真空表上的读数，一般表上指针就有明显变化，若变化很小，则应关闭真空泵，按程序要求检查各个部位是否处在正常的位置，排除漏气，检查完毕后重新调试。真空度达到要求后，即关好各个阀（麦氏表、接点真空表的阀）、关真空泵和水泵、记时间和检查漏气状况。

4）波带板翻转机构的调整，主要包括下列步骤：

① 调整激光源位置，发出的激光束均匀地照明像屏，对于准直距离较长的真空管道，在大气状态下，由于温度梯度较真空空间更大，对光束传输的影响更大，在调整位置时充分考虑其对位置调整的影响。

② 调整波带板及翻转机构位置时，考虑到管内气压和温度梯度对位置调整的影响，一般在白天，在大气压下传输比高真空度下传输形成的光斑位置要偏下，粗调以后，再根据高真空度下形成的光斑位置按系统各测点的放大倍率计算出翻转机构及波带板精确调整的位置进行精调。一般所形成的光斑偏离理想的位置可控制在0～9mm范围内。

5）保护措施。一般激光系统的两端设置在室内，并安装防水保护箱，防止渗水、雨水直接滴入激光发射端及接收端。

6）软件的调试。完成各种功能的操作，对系统进行定时，单点测量，多次重复测量，单点重复测量10次时，其测值最大误差小于±0.1mm。具备自动数据采集功能，自动采集数据与人工采集数据比对时，其差值不大于±0.5mm。

7）安装技术要点：①测点箱必须和测墩牢固结合，测点箱顶部应有能开启的活门，以便安装或维护波带板及其配件；②每一测点槽和两侧管道间必须设软连接段，软连接段一般采用金属波纹管，其内径应和管道内径一致；③两端干晶密封段必须具有足够的刚度，其长度应略大于高度，并应和端点监测墩牢固结合，保证在长期受力的情况下，其变形对测值的影响可忽略不计；④测点箱与支墩、管道与支墩的连接，应有可调装置，以便安装时将各部件调整到设计位置。

5.1.4 观测和数据处理

（1）视准线法。视准线法观测和数据处理按活动觇牌法和小角度法分类介绍：

1）活动觇牌法。观测步骤：①监测之前，应测定活动觇牌的零位差、固定觇牌同轴误差；②在视准线一工作基点安置全站仪、在另一工作基点上安置后视标志，仪器放置15min后精确整平，正镜位置精密照准后视标志；然后对前视监测点已安置好的活动觇牌进行观测；③司仪员指挥司觇员旋转活动觇牌微动螺旋，使活动觇牌标志中心与视准线重合后，通知司觇员读数1次；④司觇员根据指挥再一次旋转活动觇牌微动螺旋，当听到司仪员读数指令后再读数1次；⑤纵转仪器望远镜，倒镜位置精确照准端点标志后固定照准部。同样按照上述操作获得倒镜位置时的两次读数；⑥监测时，宜在两端工作基点上监测邻近的1/2的测点；⑦每一测次应监测3测回，取均值作为该测回之监测值。

2）小角度法。小角度法监测时可不变换水平读盘位置，当监测方向的垂直角不超过±1°时，可不用进行倒镜监测。当监测方向的垂直角超过±1°时，应进行正镜和倒镜位置监测，当监测方向的垂直角超过±3°时，每测回间应重新整平仪器。观测步骤：①在视准线一工作基点安置全站仪、在另一工作基点上安置照准标志、在监测点上安置固定觇牌。凉置仪器15min后整平仪器并精确照准另一端点标志，读取水平角读数；②旋转仪器水平微动螺旋照准监测点上的固定觇牌标志中心，读取水平角读数；③反方向旋转水平微动螺旋使视线离开固定觇牌标志，再顺时针旋转水平微动螺旋，精确照准固定觇牌标志中心，读取水平角读数；④旋转仪器水平微动螺旋照准另一工作基点标志，读取水平角读数；⑤各测次起始读数均应使用同一个度盘读数；⑥监测时，宜在两端工作基点上监测邻近的1/2的测点；⑦每测回包括正、倒镜各照准觇标两次并读数两次，取均值作为该测回之监测值，每一测次应监测3测回，监测限差规定见表5-1。

（2）交会法。交会法观测和数据处理按测角前方交会法、测边前方交会法和边角前方交会法分类介绍：

1）测角前方交会法。其观测要点为：①监测时，水平角监测应采用方向法监测4测回（中午时间不宜监测）；②每一方向均须采用"双照准法"监测，即照准目标两次，读数两次，两次读数之差不应大于4″；③各测次均应采用同样的起始方向；④监测方向的垂直角超过±3°时，该方向的监测值应加入垂直轴倾斜改正。

2）测边前方交会法。其观测要点为：①监测宜在天气良好、成像清晰时进行，监测应做到：同测站、同仪器、同后视；②监测前，仪器应凉置15min。通风干湿温度计应悬挂在测站（或镜站）附近，读数前必须通风至少15min；气压表要置平，指针不应滞阻；③距离测量4测回（一测回为照准1次，测距离4次）；④前视反射棱镜背面应避免有散射光的干扰，镜面不得有水珠或灰尘沾污。

3）边角前方交会法。其观测要点见测角前方交会法、测边前方交会法。

（3）视准线法、交会法数据处理。数据处理的主要工作是确定测量值的精度和可靠性。由于测量存在误差，必须对观测值进行检核，对观测值中的粗差予以剔除，对系统误差、偶然误差和随机误差进行修正，然后根据真实可靠的变形监测采集的数据进行整理，合格后，采用测量平差软件进行计算处理，对监测成果作出统计表（各点的位移量）。在此基础上绘制观测点变化过程线和建筑物变形分布图，并对突变进行分析和预警。

（4）引张线法的观测和数据处理。其监测值可直接从分划尺的读数或利用引张线仪进行观测，根据测值计算各点的位移量，并作图以反映沿线的建筑物水平位移。

（5）真空激光的观测和数据处理。其监测成果的计算方法用式（5-1），目前可以直接从其系统终端进行采集。

$$L_1 = KL \tag{5-1}$$

$$K = SA_i / S_{AB}$$

式中　L_1——测点的位移值，mm；

　　　L——接收端仪器读数值，mm；

　　　K——归化系数；

　　SA_i——测点至激光光源的距离（见图 5-6），m；

　　S_{AB}——激光准直全长（见图 5-6），m。

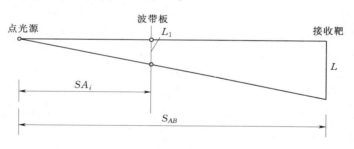

图 5-6　真空激光计算原理图

5.2　垂直位移监测

5.2.1　监测方法

垂直位移是指测点在高程方面的变化量。目前，对建筑物垂直位移监测多采用几何水准测量法和流体静力水准测量法。

（1）几何水准测量法。监测建筑物垂直位移就是在其两岸不受建筑物变形影响的部位设置水准基点或起测基点，并在建筑物上布设适当的垂直位移标点。然后定期根据水准基点或起测基点用水准测量测定垂直位移标点处的高程变化，经计算求得该点的垂直位移值。垂直位移监测网可布设成闭合水准路线或附和水准路线，等级可划分为一等、二等。

在近坝区岩体、高边坡、滑坡体处进行几何水准测量有困难时，可用全站仪测定三角高程的方法进行监测。

（2）流体静力水准测量法。亦称连通管法，它是利用连通管液压相等的原理，将起测基点和各垂直位移测点用连通管连接，注水后即可获得一条水平的水面线，量出水面线与起测基点的高差，计算出水面线的高程，然后依次量出各垂直位移测点与水面线的高差，即可求得各测点的高程。该次观测时测点高程与初测高程的差值即为该测点的累计垂直位移量。

5.2.2　监测仪器

常用的监测仪器包括：水准仪和静力水准仪等。

5.2.3　监测仪器的安装

（1）水准基点、工作基点和测点。

1）垂直位移水准网点分为基准点（水准原点）、工作基点（建筑物垂直位移监测的起测基点）和测点。各种水准点应选用适宜的标石或标志，宜布设在不受洪水和施工影响，便于长期保存和使用方便的地方。

2）水准基准点可设置在离施工区 1～5km 处，若用基岩标或水准标志应成组设置，每组不应少于 3 个水准标石或标志，并应深埋标石或标志；工作基点应设在距监测物体较近处，可采用基岩标、平洞基岩标或水准标志；测点宜采用地面标、墙上标志。

3）水准标点安装要求：①在出露岩石层上埋设水准标志时，应清除表层风化物，在坚硬的岩石面上开凿深不小于 0.15m、孔径不小于 0.2m 的孔洞，清洗干净后浇筑混凝土，中心镶嵌水准标志，标志安放应端正、平直。水准基点和工作基点应加保护盖；②土质地区埋设水准标志时，应在地面上深挖一个 0.6m×0.6m×0.6m 的坑，清理干净后浇筑混凝土，中心镶嵌水准标志，标志安放应端正、平直；③混凝土监测标墩上的水准标志直接嵌于底座预留的凹坑中并露出 1.5cm，保证标志体平正且利于水准尺自由转动；④水准标心顶端高于标点表面 1.0～1.5cm；⑤水准标志埋设在建筑物墙壁上时，应高出地面 0.4～0.6m 处钻凿孔洞，并用水洗净浸润，然后浇灌 1∶2 的水泥砂浆，放入墙脚水准标志，使圆鼓内侧与墙面齐平。

（2）双金属标的安装。

1）双金属管标按设计要求钻孔，孔径、孔斜满足设计要求，双金属标保护管采用 $\phi168$ 和 $D7mm$ 无缝钢管。

2）双金属管标的双金属管采用钢芯管和铝芯管。考虑安装及运输方便，每节管不宜太长，管接头处专门套扣、攻丝制作加工，以便现场组装。安装时保证管接头连接紧固。

3）保护管底用钢板封口；双金属标保护管、芯管安装前认真组装调试，合格后才能安装。

4）将材料备好，在孔内用钻机和护管夹板配合吊装保护管，每节保护管螺纹接头要做防渗密封处理，护管下底至护管的顶部高出地平 3cm 左右，用夹板将护管顶部固定在孔口。

5）经测斜满足要求后，保护管和孔壁之间灌以水泥砂浆固定保护管。

6）待水泥砂浆凝固后，拆下孔口固定保护管的夹板装置。

7）将钢、铝芯管底部用钢筋穿在一起，两端用螺丝固定，钢筋上方 1m 处安装橡胶环 1 个，每节钢芯管和铝芯管螺纹处做密封处理。

8）准备 2 套夹板（两根芯管能同时夹住），其中一个固定第一节钢芯管及铝芯管顶部，用钻机吊装两根芯管，接长两根芯管，配合另一个夹板，按 3m/个距离加橡胶圈，以固定两管的位置，橡胶圈的大小使两管不晃动，依次按要求长度吊装整套芯管。

9）芯管安放到底部后，往上抬 5cm，在其中一根芯管内安装注浆软管，准确计算埋设锚块水泥砂浆用量，通过注浆软管平缓注入水泥砂浆，在底部 30cm 范围内灌以 200 号水泥浆，待砂浆均匀分布孔底后放下两芯管。

10）在芯管顶部安放标心：标头由不锈钢制作，安装时在标头和标芯管管口涂环氧树脂或其他黏液黏好，旋紧标心。

11）作为垂直位移监测时的标志顶部做混凝土保护盖。

（3）静力水准的安装。其安装步骤主要有下列内容：

1）定位：根据设计要求进行测点位置测量放点，并对测点位置进行处理，并要求各测点混凝土面高差不应超过 5mm。

2）锚固板安装：在各测点位置安装锚固钢板，并用丝杆螺栓固定在混凝土面上，然后调整钢板使之高差不超过 5mm。

3）储液桶安装：在各测点位置的锚固钢板上安装储液桶装置。储液桶装置用调节螺栓固定在锚固板上，利用调节螺栓调整各测点储液桶装置，使之高差不超过 5mm。

4）管路连接：在各储液桶之间安装液体连通管及空气连通管。连通管采用塑料管，首先对连通管进行检查，在确定连通管无破损及气密性良好后，用蒸馏水清洗内壁，对连通管与储液桶之间的连接处进行密封处理。

5）传感器安装：首先向连通管内缓慢注入蒸馏水，直至能从储液桶的连通玻璃管上看见液体，即任一储液桶内液面上升高度均小于 25mm。上述措施是为了使连通管内无气泡，且负载浮筒不受力。将与传感器匹配的负载浮筒接挂在传感器上，并放入储液桶内，放置时必须保证传感器垂直，适度拧紧螺丝，不要过紧，在接挂浮筒并静置 1h 后，再次向储液桶内注入蒸馏水，使液面达到负载浮筒高度的一半。

6）保护罩安装：保护装置用膨胀螺栓固定在混凝土面上。

7）技术要点：①现场安装前，测点需进行高程测量，以便使一套监测系统的各测点传感器安装在同一高程；②储液桶安装时，应尽量确保传感器安装面处于水平状态，容器基座的固定方式应牢固可靠；③截取连通管时，应留有一定的富裕量。两个测点间的连通管安装好后，管线中间应比两端低，这样有利于排出空气；④系统充液前，应仔细检查任意连通管均妥善连接，首、末三通均有丝堵。为避免结钙，系统应充入蒸馏水。系统有可能处于 0℃低温以下时，应考虑纯净水中加入防冻液。

5.2.4 观测和数据处理

（1）水准监测。一等水准用 $S_{0.5}$ 型水准仪和铟瓦水准标尺进行监测；二等水准用 S_1 型水准仪进行监测。水准测量应设置固定站和固定转点，以提高监测精度和速度。精密水准路线闭合差不应超过表 5-4 的规定。

表 5 - 4   **精密水准路线闭合差之限差**   单位：mm

等　级	往返测不符值	符合线路闭合差	环闭合差
一等	$2\sqrt{R}$	—	$1\sqrt{F}$
	$0.3\sqrt{n_1}$	$0.2\sqrt{n_2}$	$0.2\sqrt{n}$
二等	$4\sqrt{R}$	$4\sqrt{F}$	$2\sqrt{F}$
	$0.6\sqrt{n_1}$	$0.6\sqrt{n_2}$	$0.6\sqrt{n}$

注 R 为测段长度，km；F 为环线长度符合路线长度，km；n_1 为测段站数（单程）；n_2 为环线符合路线站数。

水准监测往、返测奇数测站照准标尺顺序：①后视标尺；②前视标尺；③前视标尺；④后视标尺。

水准监测往、返测偶数测站照准标尺顺序：①前视标尺；②后视标尺；③后视标尺；④前视标尺。

测站操作程序（以奇数站为例）：①将仪器整平（望远镜绕垂直轴旋转，圆气泡始终位于指标环中央）；②将望远镜对准后视标尺（此时，标尺应将圆水准器整置于垂直位置），用垂直丝照准条码中央，精确调焦至条码影像清晰，按测量键；③显示读数后，旋转望远镜照准前视标尺条码中央，精确调焦至条码影像清晰，按测量键；④显示读数后，重新照准前视标尺条码中央，按测量键；⑤显示读数后，旋转望远镜照准后视标尺条码中央，精确调焦至条码影像清晰，按测量键，显示测站成果，测站检核合格后迁站。

测段往返起始测站设置包括仪器设置、测站限差参数设置、作业设置，主要包括下列内容：

1）仪器设置。包括：①测量的高程单位和记录到内存的单位为 m；②最小显示位为 0.00001m；③设置日期格式为：年、月、日；④设置时间格式为24h 制。

2）测站限差参数设置。包括：①视距限差的高端和低端；②视线高限差的高端和低端；③前后视距差限差；④前后视距差累积限差；⑤两次读数高差之差的限差。

3）作业设置。包括：①建立作业文件；②建立测段名；③选择测量模式为"aBFFB"；④输入起始点参考高程；⑤输入点号（点名）；⑥输入其他测段信息。

水准测量误差每公里偶然中误差 M_Δ 和全中误差 M_w 不应超过表 5-5 的规定。

表 5 - 5   **每公里偶然中误差和全中误差限值**   单位：mm

测　量　等　级	一　　等	二　　等
M_Δ	0.45	1.0
M_w	1.0	2.0

一等、二等水准测量测站的技术要求见表 5 - 6 和表 5 - 7。

表 5 - 6   **各等级水准测量测站的技术要求（一）**

等级	仪器标称精度 /(mm/km)	视线长度 /m	前后视距差 /m	任一测站上前后视距差累积 /m	视线高度 /m	数字水准仪重复测量次数 /次
一等	±0.5	≥4 且≤30	≤1.0	≤3.0	≤2.8 且≥0.65	≥3
二等	±1.0	≥3 且≤50	≤1.5	≤6.0	≤2.8 且≥0.55	≥2

注 几何法数字水准仪视线高度的高端限差一等、二等允许到 2.85m，相位法数字水准仪重复测量次数减少 1 次。所有数字水准仪，在地面震动较大时，应随时增加重复测量次数。

表 5-7　　　　　　　　　　　各等级水准测量测站的技术要求（二）　　　　　　　　　单位：mm

等级	上下丝读数平均值与中丝读数的差		基辅分划读数的差	基辅分划所测高差的差	检测间歇点高差的差
	0.5cm 刻划标尺	1.0cm 刻划标尺			
一等	1.5	3.0	0.3	0.4	0.7
二等	1.5	3.0	0.4	0.6	1.0

测量注意事项：①水准测量应在标尺成像清晰、稳定时进行。监测前 30min，将仪器置于露天阴影下，使仪器与外界气温趋于一致后再开始监测，晴天应用测量伞遮阳，避免仪器被曝晒；②应将尺垫安置稳当，防止碰动，测站通知迁站时，后尺尺垫才能移动；③一测站监测时，不得再次调焦；④一等、二等水准测量采用单路线往返监测，同一区段的往返监测，应使用同一类型的仪器和标尺；⑤测段的往测和返测，测站数均应为偶数。由往测转向返测时，两标尺必须互换位置，并应重新安置仪器；⑥因测站监测限差超限，在迁站前发现可立即重测。若迁站后发现，则应从水准点或间歇点（须经检测符合限差）起始，重新监测；⑦往返测高差较差超限时应重测。

（2）静力水准系统。静力水准系统中任何测点或基准点容器内的水位变化可按式（5-2）计算：

$$\Delta h = (R_1 - R_0)G \tag{5-2}$$

式中　R_1——传感器当前读数，mm；

　　　R_0——传感器初始读数，mm；

　　　G——传感器系数；

　　　Δh——容器内水位的变化，mm，当 $\Delta h > 0$ 时，水位下降，反之上升。

5.3　倾斜监测

建筑物倾斜监测特别是基础的倾斜监测具有重要意义，通过此项监测，建筑物局部地区的表面收缩、膨胀或温度变化的影响，反映出建筑物本身的倾斜。对于混凝土坝，不仅可以判断坝体倾覆及稳定情况，而且可以了解基础的运动规律，结合坝体的结构型式、计算及试验成果，并考虑坝体所处地形、地质等条件，并考虑到与内部监测、挠度监测、位移监测测点的配合，可弥补某些监测项目之不足，这对监测资料的综合分析和利用很有必要。

选择倾斜监测点位时，测点不宜选在坝的外表面，因表层易受外界温度等条件影响常发生较大的局部变化，使监测成果失去应有规律，很难与挠度监测成果相符合。

5.3.1　监测方法

倾斜监测方法有直接监测法和间接监测法两类。直接监测法采用气泡倾斜仪或固定倾斜仪直接测读建筑物的倾斜角，其中气泡倾斜仪适宜用于倾斜变化较大或局部区域的变形，故宜用于建筑物中、上部的倾斜监测；间接监测法是通过监测相对水平位移确定建筑物的倾斜，采用的监测方法与建筑物水平位移监测相同。

5.3.2 监测仪器

测斜类仪器通常分为测斜仪和倾斜计两类。用于钻孔中测斜管内的仪器，习惯称之为测斜仪，根据测斜仪的使用方式，又可分为活动式测斜仪和固定式测斜仪；而设置在基岩或建筑物表面，用作测定某一点转动量，或某一点相对于另一点位移量的仪器称为倾斜计。

测斜仪的传感器型式较为多样，国内目前多采用伺服加速度计式和电阻应变片式。倾斜计传感器国内目前主要有电解式和振弦式两种。

（1）活动式测斜仪。活动式测斜仪是目前最常用的倾斜测量仪器，通过测量测斜管轴线与铅垂线之间夹角变化量，来监测建筑物的侧向位移。带有导向滑动轮的测斜仪在测斜管内滑动时，测出管轴线与铅垂线的夹角，分段求出水平位移，累加得出孔内不同深度的位移分布情况。

（2）固定式测斜仪。固定式测斜仪由测斜管和一组串联安装的传感器组成，主要应用于边坡、堤坝、混凝土面板等混凝土工程的内部水平、垂直位移或面板挠度变形监测。它的最大优点是固定安装测头的位置可获得高精度的测量结果，且对于可能出现较大变形的区域可进行实时自动化监测。

其传感器类型主要包括：伺服加速度计式、电解液式和振弦式等，考虑到仪器成本，目前，应用较多的为电解质式固定测斜仪。

5.3.3 仪器安装

（1）活动式测斜仪安装。活动式测斜仪安装主要是测斜管安装。

1）钻孔及取芯。用地质钻在选定的监测地段钻孔，钻孔开口直径不小于110mm，终孔直径不小于91mm，钻孔偏斜度满足设计要求。每一测孔的岩芯尽量取全，并按工程地质规范进行详细描述，作出钻孔岩芯柱状图，图中标出软弱层（带）的层位、深度、厚度，并对其性状作详细描述。对于岩芯不易取全或难以取芯的钻孔，采用孔内电视手段以了解孔内地质情况，用以弥补钻探资料的不足。

2）现场安装埋设。其安装步骤为：①测斜管全长超过40m时，需用起吊设备将测斜管吊起，逐根按照预先做好的对准标记和编号对接固定密封后，并始终保持其中一组导槽方向对准预计岩体、混凝土内位移方向缓慢下入钻孔内；在深度较大的干孔内下管时，应由一根钢绳来承担测斜管重量，即将钢绳绑扎在测斜管末端，并且每隔一段距离与测斜管绑在一起。钻孔内有地下水时，宜在测斜管内注入清水，避免测斜管浮起；②测斜管按要求的总长全部下入孔内后，必须检查其中一对导槽方向是否与预计的岩体位移方向相近，并进行必要的调整。确定导槽方位符合要求后，将测斜管顶端在钻孔孔口固定，然后将模拟测头下入钻孔中的测斜管内沿导槽上下滑行一遍，以了解导槽是否畅通无阻；③将灌浆管系在测斜管外侧距测斜管底端1m处，随测斜管一同下入孔底。

3）灌浆与回填。其步骤为：①按照预先要求的水灰比浆液自下而上进行灌浆，为防止在灌浆时测斜管浮起，宜预先在测斜管内注入清水；当需回收灌浆管时可采用边灌浆边拔管的方法，但不能将灌浆管拔出浆面，以保证灌浆质量；水泥浆凝固后的弹性模量应与钻孔周围岩体的弹性模量相近，为此应事先进行试验确定水灰比；对于钻孔深度大于40m应分层灌浆；②待灌浆完毕拔管，测斜管内要用清水冲洗干净，做好孔口保护设施，防止碎石或其他异物掉入管内，以保证测斜管不受损坏；③待水泥浆凝固稳定后，测量测斜管导槽的方位，管口坐标及高程；④对安装埋设过程中发生的问题要作详细记载，测斜管安装埋设后，及时填写埋设考证表及相关技术资料。

4）导槽扭角测试。由于测斜管安装埋设质量控制的差异，导槽扭角的累计会导致监测数据不真实。当测斜管长度较短、施工质量较好时，通常可以忽略扭角测试；若测斜管安装埋设深度大于40m时，需用测扭仪对其导槽扭角的螺旋情况进行测试。当导槽扭角大于10°时，必须在资料整理时对其监测数据加以修正。

5）埋设要点。埋设时应注意：①测斜管钻孔应呈铅直向，全孔孔斜在1°以内，以保证仪器的测试精度，钻孔终孔直径以满足下管灌浆为宜；②测斜管的正确选择与否对测斜系统精度影响极大，在永久性监测中，一般宜选用铝合金管；在腐蚀性较强的地段（如海堤、码头等）宜选用ABS工程塑料管，在运输及保存时注意防止测斜管的弯曲变形；③管接头有固定式和伸缩式两种，固定式接头适用于轴向位移不明显的岩体，在有明显轴向位移的地段宜采用伸缩式管接头。

（2）固定式测斜仪安装。固定式测斜仪安装（见图5-7）包括测斜管及传感器的安装。测斜管的安装埋设及灌浆回填要求和方法与活动式测斜仪测斜管相同。在完成测斜管安装埋设后，进行后续固定式测斜仪设备的安装。测斜管及仪器设备安装埋设后，及时填写埋设考证表及相关技术资料。传感器的安装分为垂直向和水平向。

1）传感器的垂直向安装。主要步骤如下：①固定式测斜仪垂直向埋设时，其中一组导槽要与预定最大变形方位一致；预先连接传感器和连接杆（传感器上端与连接杆为刚性固定连接），校核连接杆长度，做好编号标记和记录，按安装次序排列放置好；②第一支传感器底部安装一支摆动夹，以固定传感器底部连接装置（传感器下端与连接杆为铰链连接）；必要时可在传感器底部系一根安全绳，可有效防止传感器意外掉入管内；③将第一支传感器放入选定的一组导槽内，固定轮应指向预期的位移方向，并将传感器下入测斜管内，连接杆顶部应露出测斜管；④将第二支传感器对准选定导槽，用管夹将传感器连接到第一支传感器的连接杆；⑤将传感器下入测斜管；⑥继续上述第④、⑤步骤，直至完成全部传感器串的安装，确保固定导轮在预期位移方向同一侧；⑦固定悬挂部件或定位部件，排列上引电缆，确保互不干扰，最后做好孔口保护装置。

2）传感器的水平向安装。与垂直向安装类似，所不同之处只是测头固定轮需安放在靠下导槽中，在固定端管口采用夹板装置定位传感器串。

3）安装技术要点。技术要点为：①固定测斜仪布置要合理有效，重点布置在预期有明显滑动或位移发生的区域；②固定测斜仪传感器与连接杆连接时，一端为固定式刚性连接，另一端为铰链式连接；另外，要测定连接杆长度，以便计算偏移量时准确确定传感器测量长度；③在堤坝等工程布置水平方向的测斜仪时，测斜管一端相对不动点参考端管口，必须采用其他辅助监测手段确定其端点位置的绝对位移，以修正整个固定式测斜仪的监测数值，才能获得可靠准确的位移监测成果。

5.3.4 观测和数据处理

（1）活动式测斜仪。其观测和数据处理如下：

1）观测。其步骤为：①数据采集在测斜孔回填灌浆稳定一周后进行；②用电缆将测

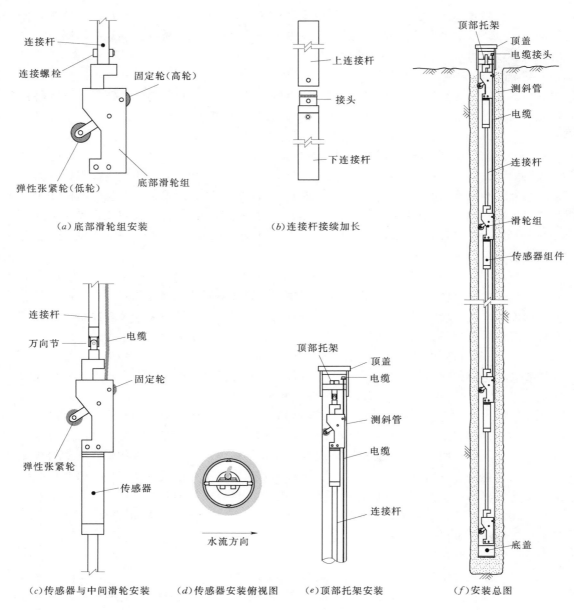

（a）底部滑轮组安装　　　　（b）连接杆接续加长

（c）传感器与中间滑轮安装　　（d）传感器安装俯视图　　（e）顶部托架安装　　（f）安装总图

图 5-7　固定式测斜仪垂直向安装示意图

头与读数仪连接，并将测头高导轮朝向主变位方向放入测斜管导槽（A_0）内缓缓下入管底，仪器预热 3~5min；③自下而上每隔 0.5m 提拉电缆同时测读 A_0、B_0 数据（双轴测头），直至管口；④取出测头将其顺时针翻转 180°，再将测头放入导槽（A_{180}）内下入管底，按上述方法测读 A_{180}、B_{180} 数据。对于具有双向传感器的测头，至此监测工作即可结束。而对于仅有单向传感器的测头，要按上述方法依次顺时针翻转 180°，分别测读 A_0、A_{180}、B_0、B_{180} 四个方向导槽的数据。

由于仪器结构的限制，通常 A 向监测精度较高，而 B 向监测误差约为 A 向的数倍。

当变形较小，要求较高（如坝肩变形监测）时，建议采用类似单向传感器测头的监测操作方法，分别测读 A_0、A_{180}、B_0、B_{180} 四个方向导槽的数据。

2）数据处理。当建筑物产生位移时，测斜管同被测体一起移动，管道的位移（测斜管产生倾斜）量，即为建筑物的位移量。向管道内放入测头，测出各个不同分段点处的倾角 θ_i，则相应的位移增量按式（5-3）计算：

$$\Delta A_i = L_i \sin\theta_i \qquad (5-3)$$

若测斜管底作为不动点时，则自管底以上任一测深总位移量按式（5-4）计算：

$$\Delta S_i = L_i \sin\theta_i \qquad (5-4)$$

根据式（5-3）和式（5-4）的计算结果，绘制各种关系曲线，结合地质条件及被测岩体或混凝土建筑物特点，对其监测成果进行分析，并绘制关系曲线：①A 向变化值或 B 向变化值与深度关系曲线；②A 向位移或 B 向位移与深度分布曲线；③合位移与深度关系曲线；④典型深度（滑移面或孔口）位移（位错）与时间关系曲线。

（2）固定式测斜仪。其观测和数据处理如下：

1）观测。将测斜仪与传感器电缆连接即可测读，但在大多数情况下，是将传感器电缆连接到自动采集装置上，由计算机系统来完成数据采集。

2）数据处理。根据管内传感器测出各个分段点的测值，并按式（5-5）～式（5-8）计算其偏移率、偏移量、总位移值。

$$偏移率（mm/m）= C_5 EL^5 + C_4 EL^4 + C_3 EL^3 + C_2 EL^2 + C_1 EL + C_0 \qquad (5-5)$$

$$偏移量（mm）= 偏移率（mm/m）\times 传感器测量长度（m） \qquad (5-6)$$

$$位移值（mm）= 当前偏移值（mm）- 初始偏移值（mm） \qquad (5-7)$$

$$总位移值（mm）= 位移值1 + 位移值2 + \cdots + 位移值 N \qquad (5-8)$$

式中　EL——传感器电压读数，V；

　　　$C_0 \sim C_5$——传感器标定系数，用于将电压读数转换为每串测量长度的位移；

　　　N——传感器个数。

同样，根据以上计算结果，绘制各种关系曲线，结合地质条件及被测岩体或混凝土建筑物特点，对其监测成果进行分析并绘制垂直向和水平向关系曲线。垂直向曲线包括 A 向位移或 B 向位移与深度分布曲线、合位移与深度分布曲线、典型深度（滑移面）位移（位错）与时间关系曲线、典型深度（滑移面）位移（位错）速度与时间关系曲线（当位移及变化量较大时）。水平向曲线包括沉降变形分布曲线、典型位置（变化较大）位移与时间关系曲线、典型位置（变化较大）位移速度与时间关系曲线。

5.4　挠度监测

5.4.1　监测方法

挠度监测是指建筑物垂直断面内，各个高程点相对于底部基点的水平位移的监测。挠度显示了建筑物结构整体的综合现象，是了解建筑物工作状态及安全管理中最重要的监测项目之一。垂线就是监测挠度的一种简便有效的方法，垂线监测包括正垂和倒垂。

5.4.2　监测仪器

（1）正垂装置。正垂监测装置设备由垂线悬挂装置、垂线、重锤、阻尼油桶和监测台组成。垂线设置在垂孔中的最佳位置处。正垂线测线采用高强度不锈钢丝，其直径应保证极限拉力大于重锤重量的 2 倍。

（2）倒垂装置。倒垂装置见图 5-4。

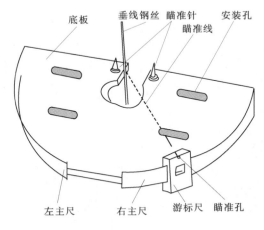

图 5-8　机械式垂线瞄准仪结构图

（3）垂线坐标仪。目前技术的发展一般都推荐使用非接触式垂线坐标仪直接读取垂线落在仪器上的位置，主要包括：机械式垂线瞄准仪、光学式垂线坐标仪和电测式垂线坐标仪等。

1）机械式垂线瞄准仪（见图 5-8）。安装在正、倒垂线装置的测点处，可以人工目测水平面双向位移变化。测量时，移动游标尺，通过瞄准孔用目视线将瞄准孔与垂线钢丝及瞄准针三点瞄准排列在一条直线上。即可利用左、右标心的刻度值来确定垂线位置的坐标值。

2）光学式垂线坐标仪。采用光学原理实现的非接触式位移测量设备，主要由上部的光学瞄准部分、下部的读数、置平部分组成。仪器平整后，移动纵向导轨，瞄准垂线后，即可在分划尺上读取垂线位置。

3）电测式垂线坐标仪。该仪器是一种能实现自动化位移测量的设备，常用的为 CCD 式垂线坐标仪（见图 5-9）。此类设备在工作时，X 和 Y 方向分别发射一束平行光束，该平行光束将位于坐标仪中间的垂线线体投影到对应的电荷耦合器件（CCD）上。CCD 将带有线体阴影的光信号转换成电信号，经测量电路测出再经过数据处理，得到线体相对于坐标仪位置的坐标物理量。这样，通过不同时间的坐标值变化，可获得坐标仪相对垂线的

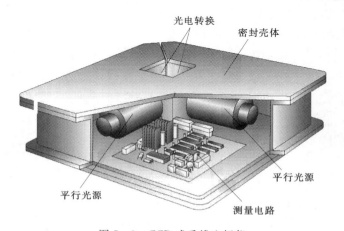

图 5-9　CCD 式垂线坐标仪

X、Y 向的位移变化。

5.4.3　仪器安装

（1）正垂系统的安装。其安装步骤为：①有效孔径检查。根据成孔资料或者复测资料，给出垂线保护管（孔）各高程的孔心坐标作图，各圆共同组成的部分（阴影部分）即为有效孔径，并确定其几何中心；②安装位置确定。根据有效孔径即可确定正垂线悬挂装置埋设的最佳位置；③线体预装。根据选定的最优位置，使钢丝在圆形木板上的小孔中通过，用"倒垂法"悬挂钢丝，检查垂线钢丝位置是否符合要求。在不锈钢丝上相应于孔口标记处做出记号；④正垂线装置安装。在坝顶预埋固定垂线的部件，待预埋件固定并具有一定强度后，用夹线装置将垂线固定在悬挂装置上；⑤垂线穿过各层廊道监测间内，在最底层监测间内垂线下端吊重锤，并将重锤放入油桶内；⑥根据垂线位置进行监测墩的放样、立模、浇筑监测墩，并在顶部预留二期混凝土，以便安装强制对中底盘，底盘对中误差不大于 0.1mm；⑦安装完成后检查线体自由度，确定线体自由，并具有设计的量程时，说明安装成功。

（2）倒垂系统的安装。倒垂系统的安装见图 5-4。

（3）垂线坐标仪安装。①根据设计图纸浇筑监测墩；②将仪器底盘安装到位。安装过程中仔细检查仪器底盘的安装位置及安装方向是否满足设计要求，并用水准尺检查仪器底盘是否水平；③用螺栓将坐标仪固定在调整底盘上，并调整坐标仪的位置以满足要求；④按照电缆连接约定连接坐标仪电缆，并将电缆引入集线箱。电缆头标记必须醒目、牢固，防止牵引过程中脱落或损坏；⑤人工给定位移，利用百分表人工读数，同时坐标仪测读，现场检查坐标仪灵敏度。

5.4.4　观测和数据处理

（1）观测。垂线观测可采用光学垂线坐标仪，也可采用遥测垂线坐标仪。①用光学机械式仪器观测前后，必须检测仪器零位，并计算它与首次零位之差，取前后两次零位差的平均值作为本次观测值的改正数；②观测前，必须检查该垂线是否处在自由状态；③一条垂线上各测点的观测，应从上而下或从下而上，依次在尽量短的时间内完成；④每一测点的观测，应将仪器置于底盘上，调平仪器，照准测线中心两次，读记观测值，构成一个测回。取两次读数的均值作为该测回的观测值，两次照准读数差不应超过 0.15mm。

（2）数据处理。安装调试完毕后取得仪器初始测值 X_0、Y_0、Z_0，当垂线的位置相对于垂线仪发生偏移后仪器测值为 X_1、Y_1、Z_1，则垂线位置的偏移量为式（5-9）～式（5-11）：

$$\Delta X = (X_1 - X_0) X 向比例系数 \qquad (5-9)$$

$$\Delta Y = (Y_1 - Y_0) Y 向比例系数 \qquad (5-10)$$

$$\Delta Z = (Z_1 - Z_0) Z 向比例系数 \qquad (5-11)$$

比例系数为仪器标定的结果，数字量输出垂线仪的比例系数约等于 1。模拟量输出垂线仪的比例系数因数据采集器的不同而各有差异。垂线坐标仪 X 测值正向为顺水流向，Y 测值正向为指向左岸，Z 测值正向为沉降。

5.5 基岩变形监测

混凝土坝多建于基岩上，因此，基岩变形的监测对掌握坝的施工质量、监视坝的安全运行等都具有重要意义。

5.5.1 监测仪器

常用的基岩变形监测仪器有单点杆式位移计、多点杆式位移计、基岩变形计。

（1）单点杆式位移计。单点杆式位移计采用一支位移传感器、一根传递杆和一个锚头，测头规格尺寸相对较小。

（2）多点杆式位移计。多点杆式位移计结构与前述的单点位移计相同，只是根据需要采用多支位移传感器以及配套的传递杆和锚头，组装一起形成多点杆式位移计。

（3）基岩变形计。基岩变形计由测缝计改装而成，主要由测缝计、传递杆及锚头、基座板及固定框架、保护管等部分组成。

5.5.2 仪器安装

（1）单点杆式位移计。其安装步骤详见多点杆式位移计。

（2）多点杆式位移计。按下列步骤安装：

1）造孔。在预定部位，按设计要求的孔径、孔向和孔深钻孔。钻孔结束后冲洗干净，并检查钻孔通畅情况。

2）仪器组装。①按照设计的测点深度，将锚头、位移传递杆和护管与传感器严格按厂家使用说明书进行组装。合格后，运往埋设孔，调好传感器工作点（一般调在全量程的70%左右）；②将隔离环与传递杆牢固捆扎在一起，同时捆好灌浆管。

3）仪器安装。①在现场组装的位移计，经检测合格后，送入孔内，入孔速度应缓慢；②位移计入孔后，固定传感器装置，并使其与孔口平齐，引出电缆。插入孔口灌浆管之后，用水泥砂浆封闭孔口；③孔口水泥砂浆固化后，开始封孔灌浆，回浆 10min 后停止灌浆，确保最深测点锚头处浆液饱满；④浆液固化约24h后，打开传感器装置盖，用手预拉一下传递杆，再确认一次工作点，即可观测初始值。做好孔口保护和电缆走线。

5.5.3 观测和数据处理

（1）观测。钻孔灌浆浆液固化约24h的采集值作为初始值，并按规范要求在安装埋设后持续观测。

（2）数据处理。主要包括各锚点相对测头的位移计算和各深度的绝对位移计算。

1）各锚点相对测头的位移，按式（5-12）计算：

$$XW_i = K(R_i - R_{i0}) + C(T_i - T_{i0}) \qquad (5-12)$$

式中　XW_i——各相应锚头当前相对位移，mm；

R_i——各相应锚头当前值；

R_{i0}——各相应锚头初始值（基准值）；

T_i——当前温度，℃；

T_{i0}——初始温度，℃；

K——仪器系数；

C——温度系数，mm/℃。

2）各深度绝对位移。各深度绝对位移为相对于不动点的位移，通常不动点设在孔底。以四点位移计为例，如现场实际埋设 4 个锚头，设 XW_4 为孔底最深的锚头，其计算方法分别为式（5-13）～式（5-17）：

$$孔口（深度）位移(mm)=最深锚头位移(XW_4) \qquad (5-13)$$
$$第一锚头深度的位移(mm)=XW_4-XW_1 \qquad (5-14)$$
$$第二锚头深度的位移(mm)=XW_4-XW_2 \qquad (5-15)$$
$$第三锚头深度的位移(mm)=XW_4-XW_3 \qquad (5-16)$$
$$第四锚头深度的位移(mm)=0 \qquad (5-17)$$

根据以上计算结果，可以绘制各深度位移与时间关系曲线、位移沿孔深分布曲线及开挖断面位移分布形象图、位移随开挖进尺变化过程曲线等。

5.6 接缝和裂缝监测

为适应温度变化和地基不均匀沉降，建筑物一般均设有接缝（横缝、施工缝等），其接缝的开合度与位错（接缝上下或左右剪切错动）需要安装埋设测缝计对其进行监测，以了解建筑物伸缩缝的开合度、错动及其发展情况，分析其对工程安全的影响。

接缝监测分为单向监测（称为开合度）、双向监测（开合度加纵向或竖向位错）、三向监测（开合度加纵向、竖向位错），一般只进行接缝的单向开合度监测（如混凝土坝横缝），仅在特殊情况下需作双向监测、三向监测（例如坝基混凝土与基岩结合面、混凝土面板堆石坝的面板接缝和面板周边缝等）。

5.6.1 监测仪器

常见的监测仪器按仪器名称分类包括：位移计、裂缝计、测缝计和错位计等；按监测的维度可分为：单向监测、双向监测、三向监测；按安装的位置可分为：表面式和埋入式（内埋）；按仪器的型式不同可分为：差阻式、振弦式、电阻式和电位器式（线位移及旋转）等。

5.6.2 仪器安装

仪器安装主要包括：埋入式和表面式。

（1）埋入式测缝计。埋入式测缝计主要介绍单向式。其埋设步骤为：①现场测量放点，确定安装埋设位置；②在先浇混凝土块上预埋测缝计套筒；③当电缆需从先浇块引出时，在模板上设置储藏箱，用来储藏仪器和电缆；④为避免电缆受损，必须将接缝处的电缆长约 40cm 范围内包上布条；⑤当后浇块混凝土浇到高出仪器埋设位置处时，振捣密实后挖去混凝土露出套筒，打开套筒盖，取出填塞物，安装测缝计；⑥调整好仪器读数，固定好仪器的电缆引线，回填混凝土同时做好仪器的编号和检查工作。埋入式测缝计安装见图 5-10。

（2）表面式测缝计。表面式测缝计主要介绍机械式（单向和三向）以及三向电测式。

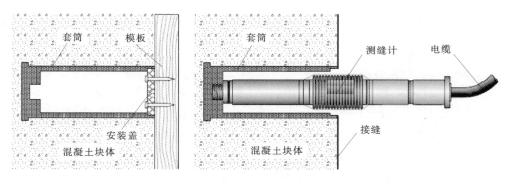

图 5-10　埋入式测缝计安装示意图

1）单向机械式。采用直径约 20mm、长约 80mm 的金属棒，埋入混凝土 60mm，外露部分做成标点和保护盖相结合的螺纹丝扣，两标点间距不少于 150mm，裂缝简易测量见图 5-11，两点间距离变化用游标卡尺测量。

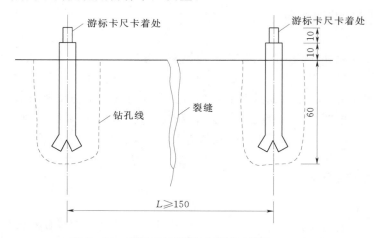

图 5-11　裂缝简易测量示意图（单位：mm）

对于要求精度较高的混凝土裂缝，其宽度可在测点表面固定百分表或千分表等量具进行观测。测量底板螺栓先固定在金属标点上，再将百分表安装在底板上的固定支架。安装时测杆应正对百分表测针，并稍压紧，使百分表有适当的预读数。

2）机械式三向测缝计。将两块宽 30mm，厚 5～7mm 的金属板，作成相互垂直的 3 个方向的拐角，并在型板上焊 3 对不锈钢的三棱柱条，用以观测接缝或裂缝 3 个方向的变化，用螺栓将型板锚固在混凝土上。用外径游标卡尺测量每对三棱柱条之间的距离变化，即可得三维相对位移，也可加工成板式二向标点。

3）电测式三向测缝计。其安装步骤主要有下列内容：

①安装前对各支测缝计进行查看。各防水部位的螺栓是否松动，钢丝能否伸缩自如，且三向测缝计指示仪在单向连续测量状态下的读数随钢丝伸缩连续变化。

②在室内将测缝计 1 孔、2 孔、3 孔的钢丝分别拉到三向测缝计规定的范围内，而后用夹片固定。

③测缝计支架和标点支架，尽量靠紧填料的两侧安装。

④测缝计支架按厂家建议的配置表规定的位置，对号入座。使其外螺纹出口管嘴，在坐标板的1孔、2孔、3孔中由后穿出，再用大六角螺母分别将其固定。

⑤将测缝计1孔、2孔、3孔的钢丝分别穿过横梁上钢丝固定件15cm的小孔，三钢丝穿过同一孔交于一点，在孔后用夹片夹紧，并分别绕在3个带有垫片的小螺栓上，穿过横梁上3个孔用螺母固定后，用钢板尺量出三钢丝的弦长 L（精确到mm），即初始弦长 L_{10}、L_{20}、L_{30}。

⑥将测缝计组的7芯电缆接到三向测缝计指示仪上，在三向或未知测量状态下记录上述初始弦长状态对应的各测缝计的电测值 A，即为 A_{10}、A_{20}、A_{30}。然后，再根据厂商提供的各支测缝计的仪器系数 C，即有 C_1、C_2、C_3。在获取上述测缝计的初始参数弦长 L_{10}、L_{20}、L_{30}，对应的电测值 A_{10}、A_{20}、A_{30} 和各支仪器系数 C_1、C_2、C_3，即可进入三向测缝计指示仪的"传感器设置"，可选择"手动设置"或"参数传输"进入参数的设定。初始参数设定完毕后，即可进行常规测量。

⑦在钢丝出口处涂上硅脂。

⑧用指示仪对该组测缝计进行测量。因为刚安装，可以认为缝无变形，三向测缝计指示仪读出的电测值 A_1、A_2、A_3 的值和初始化测值 A_{10}、A_{20}、A_{30} 基本一致，其计算并显示在液晶上的三个方向变形值 X、Y、Z 均应在0附近（见图5-12）。

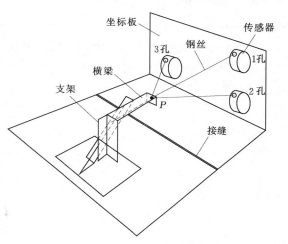

图5-12 三向电测测缝计简图

⑨硫化电缆接头（或热塑）。

⑩在坝顶上将测缝计组引出的长电缆，接在指示仪上，测读三向变形值。由于测值不受电缆长度影响，此数值均应仍在0附近，可将测值进行存储。

⑪罩上弧形保护罩，并用膨胀螺栓固定在坝面上。

⑫若测缝计组处于铺盖下，在保护罩上开孔，向罩内灌满粉煤灰。当其上填土较高时，在保护罩外浇筑混凝土保护墩。若测缝计组处于铺盖上，则不需灌沙和浇筑混凝土保护墩。

安装技术要点：支护件由保护罩，标点支架，测缝计支架组成；测缝计在趾板上；弧形保护罩及环形侧板为3mm薄钢板，有相当柔性，可以两侧固定在坝面上；若保护罩两侧另有混凝土保护墩，则可只一侧用螺栓固定在坝面上；铺盖下的测缝计组，在保护罩内填满粉煤灰；根据各测缝计组在坝上位置，可在保护罩当前位置开直径约10cm的灌沙孔；保护罩上3m厚内铺盖要人工夯实。

5.6.3 监测方法和数据处理

（1）监测方法。常用的接缝及裂缝监测方法见表5-8。

表 5 − 8 常用的接缝及裂缝监测方法表

项 目	部 位	方 法	说 明
接缝	混凝土坝	测微器、游标卡尺及百分表、测缝计（单向及三向）	适用于观测表面； 适用于观测表面及内部
	面板坝	测缝计、两向测缝计、三向测缝计	观测面板接缝，可分别测定各向位移； 河床部位周边缝观测； 岸坡部位周边缝观测
裂缝	混凝土坝	测微器、游标卡尺、伸缩仪、超声波、水下电视、测缝计	观测表面裂缝长度及宽度； 观测裂缝深度； 观测裂缝宽度

仪器安装前后分别测读 1 次，之后按规范要求持续观测。

（2）数据处理。根据计算结果，可以绘制开合度与时间关系曲线。

6 渗 流 监 测

渗流是指穿过混凝土工程结构物、基础及坝肩的水流。渗流监测的目的是了解混凝土工程上下游水位、降雨、温度等环境量作用下的渗流规律及验证混凝土工程防渗设计。

水工混凝土工程渗流监测的内容主要包括：绕坝渗流监测、扬压力监测、渗透压力监测、渗流量监测、水质监测。

6.1 绕坝渗流监测

如果大坝与岸坡连接不好，岸坡过陡产生裂缝或岸坡中有强透水层，就有可能造成集中渗流，引起变形和漏水，威胁坝的安全和蓄水效益。因此，需要进行绕坝渗流监测，以了解坝肩与岸坡或与副坝接触处的渗流变化情况，判明这些部位的防渗与排水效果。

6.1.1 监测仪器

常用仪器主要包括：测压管、水位计和渗压计等。

6.1.2 仪器安装

测压管制作和安装。测压管应采用质量优良，顺直而无凹弯现象，无压伤和裂纹，未受腐蚀的钢管、PVC 管、PE 管等。

（1）制作。以钢管为例，每段管子的两端均应有丝扣，管内皮垢应清除干净。进水段如没有钻孔花管时，钻孔周围的毛刺应一个一个地用绞刀清除，直到用手触摸不感到刺手为止。

测压管的直径应符合设计要求，国内外长期的监测经验证明，过大过小均不适宜。直径过大时，管内充水时间长，反映真实扬压力的时间也就相应的延长了，这给监测工作带来很大不便；直径过小时，容易堵塞又不便钻孔修复，在施工时容易损坏导致漏水。因此，一般多采用直径为 50mm 和 75mm 两种。75mm 测压管多用于需要进行钻孔的直管段，50mm 的测压管多用于不需要钻孔的其他管段，安装压力表的引接管直径为 25mm。

测压管的部件制作好以后，进行一次系统的试验性装配，以便检查部件是否完整及质量是否合乎要求，并及早发现问题进行补正。各部件均应加以编号，分别放置，待正式施工时再运往现场安装。

（2）安装。在钻孔验收合格后，即可开始埋设测压管，测压管安装见图 6-1。首先将孔的位置、地质构造、裂缝、固结灌浆等了解清楚，并详细记录作图备查，测压管在基岩面上的位置应放线定位，孔口高程由水准测量测定。

测压管安装过程中需要注意下列几点：

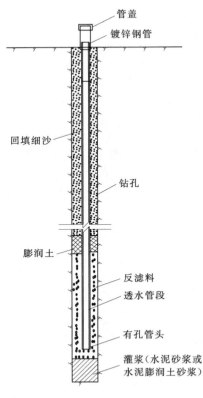

管盖
镀锌钢管
回填细沙
钻孔
膨润土
反滤料
透水管段
有孔管头
灌浆（水泥砂浆或
水泥膨润土砂浆）

图 6-1 测压管安装示意图

1）测压管钻孔孔位、孔深、方位角和倾角应符合设计要求，孔位偏差不得超过 10cm，孔深应达到设计深度，超、欠深一般不大于 10cm，孔斜偏差不大于 2%。

2）断（夹）层部位的测压管，在钻孔接近断（夹）层时，应及时鉴定岩芯，并准确地定出断（夹）层位置。所有测压管钻孔岩芯的获得率应达 80% 以上，岩芯需经素描后方可丢弃。

3）测压管钻孔达到设计深度后，应进行灵敏度检查。灵敏度检查的水压力为 0.1～0.2MPa。当漏水量极微或基本不漏水时，以确定是否需加深或重新布置钻孔；当钻孔有涌水时，可不进行压水检查，但应测定涌水流量和涌水压力。

4）测压管验收合格后方可进行孔口装置的安装。当孔口有渗水出流时应安装压力表，压力表的量程应根据测压管孔口的渗压大小选定，使渗压读数在压力表量程 1/3～2/3 的范围内，压力表的精度为 1.0 级，需检定合格。

5）在基岩进行固结灌浆和帷幕灌浆以后才能钻孔埋设，否则易被堵死。

（3）测压管的检查。在测压管的制作和安装过程中，要加强质量监督和检查工作，所有各管段的接头必须拧紧，必须用铅油麻丝严密填塞，若有极少量漏气漏水均会使读数失真。

测压管埋设后应进行编号并绘制竣工图，图上应标明地质特性、灌浆情况、测压管平面和断面位置，并对管口进行水准测量，确定各管的管口高程。

为了检查测压管的灵敏度，应对测压管进行注水和放水试验。对于管中水位低于管口的，可进行注水试验，注水使管内水位升高 3～5m，记录管中水位回复到原水位的过程；对于管中水位高于管口的，可进行放水试验，放水后关闭阀门，记录其恢复到原来压力的时间，如超过 2h，应认为是不灵敏的。

6.1.3 监测方法

绕坝渗流主要采用钻孔装测压管，用水位计或者渗压计监测孔中水位，监测方法主要有下列几种：

（1）平尺式水位计监测法。监测时用带尺将测头慢慢放入测孔内，当指示器得到反应后，测读孔口的带尺读数，然后计算孔内水面高程，其值等于孔口高程减孔口至水面距离。每次监测测读两次，两次读数的差值不大于 1cm。

（2）遥测水位计监测法。该监测法适用于孔内水位最大变幅 10m，最小读数 1cm，监测精度为 1%，通过数字记录仪实现实时遥测。

（3）压力表监测法。当出现测压孔中的水位高出孔口高程时，采用标准压力表监测渗水压力。为了保证压力表工作的可靠性，在其测量范围的 1/3～2/3 以内使用。不同压力的监测孔选择不同测量范围的压力表，监测时两次压力读数差不应大于压力表最小刻度单位。

6.1.4　技术要点

对绕坝渗流监测的一般规定和技术要求包括下列几点：

（1）绕坝渗流监测的原理和方法与坝体、坝基的渗流监测相同，一般采用测压管或渗压计进行监测，测压管和渗压计应埋设于死水位或筑坝前的地下水位之下。

（2）监测孔钻好安装完测压管后，要求做好孔口的防冻、防淤积堵塞保护等工作。绕渗孔测压管具体保护措施包括下列内容：

1）孔口保护。绕坝渗流监测孔多设置于室外露天的地表上，为了保证监测工作的正常进行，一般要在测压孔的孔口安装专门的保护设备，防止雨水、地表水流入测压管内或沿测压管外壁渗入孔内，并避免石块或杂物落入管内堵塞测压管。同时，尽量保护测压管免受边坡的滑动而遭致破坏。管口保护设备的结构形式，一般采用钢筋混凝土盒，加钢盖板与暗锁保护。

2）孔内淤堵的处理。当测压孔被泥沙淤积时，可用掏砂器清除或用压力水冲洗，冲洗时将直径不大于 20mm 的压力水管放入测压管内，下端距淤积面 0.5m 左右，冲洗至冒出清水为止。

6.1.5　数据处理

数据采集后，编制统计报表，绘制绕坝渗流水位与时间关系曲线、绕坝渗流量与时间关系曲线，以分析渗流量与季节变化的关系。对于已经蓄水的还应绘制出库水位与时间关系曲线、渗流量与库水位关系曲线，以研究渗透水与库水位的对应关系。为了解两岸绕坝渗流水流的流态，还应分季节月份绘制出两岸坝肩的绕渗浸润线。

6.2　扬压力监测

混凝土坝基础面上的扬压力是指大坝在上下游水位差作用下，库水从大坝基底和岩石裂隙中自上游流向下游所产生的向上的渗透压力和由于尾水位所产生的浮托力的合力。一般假定无帷幕灌浆和排水设备的混凝土坝，坝底扬压力的分布为一梯形，等于浮托力与渗透压力之和，渗透压力的分布从上游到下游是直线变化，灌浆和排水均能有效地降低扬压力。

坝基扬压力的大小和分布情况，主要与基岩地质特性、裂隙程度、帷幕灌浆质量、排水系统的效果以及坝基轮廓线和扬压力的作用面积等因素有关。因此，为了正确地确定坝基上的扬压力，必须进行实地监测，其目的是校核设计所采用的计算方法和有关数据是否合理。同时，也为了判断大坝在运行期间由于扬压力的作用是否影响稳定和安全，以便及时采取补救措施防止大坝遭受意外事故。

6.2.1　监测仪器

以往对扬压力的监测主要是依靠埋设测压管用压力表人工测水压力进行的，近年来逐渐发展为利用渗压计进行自动化监测。

（1）测压管。测压管是由进水段、导管段和管口段组成，其材料多用镀锌管、PVC管、PE管等。测压管常见的有单管式、多管式。

1）单管式。单管式的测压管管径为 50mm，进水段部分的管子上有直径为 5～6mm的钻孔，长约 0.5m，俗称花管。待基岩灌浆后，在已浇筑混凝土表面上钻孔，然后将进水段插入混凝土钻孔至需要监测扬压力的位置上，钻孔直径为 90～110mm，测压管插入经过冲洗的基岩钻孔的深度至少为 0.75～1.0m，管子末端离孔底 0.25m。

安装时在钻孔内管底及管子周围填充经过筛分冲洗干净粒径为 10～20mm 的砾石，填充高度为 0.4m，再填入厚 20cm 的细砂，捣实后再填入深约 0.5m 的膨润土，并捣实压紧使其形成水塞，止水塞上面用水泥浆充填，使测压管和大坝混凝土紧密地结合在一起。

单管式的测压管适用于施工条件较好，灌浆后便于钻孔至基岩深处的扬压力监测。

2）多管式。为了减少钻孔工作以及当遇到不同透水层需要监测不同高程的扬压力时，可以在一个钻孔内埋设两个或两个以上的测压管，钻孔直径依据测压管根数确定，两根测压管开孔直径 130mm；三根测压管开孔直径 150mm。各测压管的进水段设置在需要监测扬压力的高程上，其施工工艺与单管式相同。

（2）渗压计。一般包括差动电阻式和振弦式两种。其优点是不受灌浆影响，不需要设置专门的横向廊道，施工方便可靠，节约钢材，便于遥测和自动记录。

6.2.2 仪器布置和埋设

在测压孔进行钻孔并布置埋设测压管前，应仔细查看设计图纸，看清布置断面和测点，设计师一般按混凝土工程横断面和纵断面来选择监测断面。不需要对每一个坝段都进行横断面监测，否则既不经济也给管理带来不便。一般选择若干有代表性的坝段，在其中心断面上从上游至下游沿直线布置若干测点，扬压力监测断面见图 6-2。

选择横断面的位置和数量时，一般考虑工程的地质条件、结构型式、计算和试验成果以及重要性等级。一般选择 2～7 个，大多采用 3～4 个。所选择的监测断面应在最高坝段，并且在不同结构段或地质条件复杂的坝段，如有断层、夹层及破碎带等。

除横断面外，通常也选择一个纵断面进行监测。纵断面是沿着坝轴线布置测点，每坝段布置 1～2 个即可，测点轴线位于灌浆帷幕轴线与排水孔轴线之间，横断面靠上游的测点最好包括在纵断面中。

（1）测压管的制作安装。测压管的制作安装见 6.1.2 条。当采用倾斜的测压管监测扬压力时，倾斜度不应大于钻孔钻进时的最大倾斜角。

对于没有设置横向廊道，就要将测压管以 2％～5％ 的坡度略呈倾斜地引入纵向灌浆廊道下，再以直管垂直引入廊道内进行监测。管段略呈倾斜布置，可避免测压管内形成气泡引起监测误差。由水平管段转入垂直管的弯头高程，应设置在大坝可能发生的最低扬压力高程以下，以免管中水位低于弯头高程时无法监测。有弯头的测压管堵塞后，不易冲洗甚至失效。

测压管出口部分一般布置在廊道底板上，并加装孔口装置。当管中扬压力低于廊道底板高程时，开启孔口装置，用水位计监测。靠坝下游部分的测压管，也可以引到坝下游表面以外去监测，但应增设保护装置，特别是在寒冷地区还要注意防止冻结。

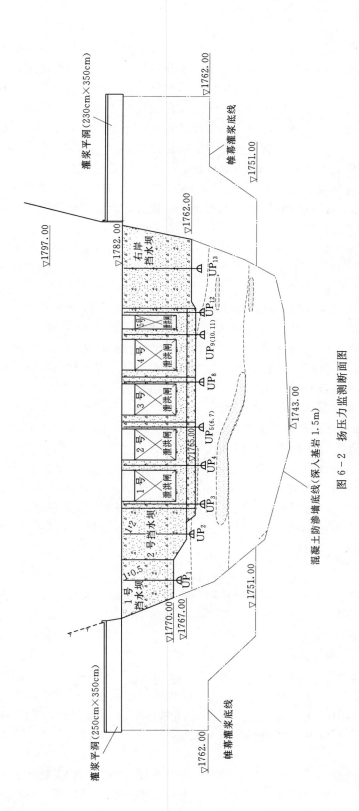

图 6-2　扬压力监测断面图

单管式和多管式测压管，应在基岩进行固结灌浆和帷幕灌浆以后才能钻孔埋设，否则易被堵死。基岩往往在浇筑过一层混凝土后才开始灌浆，在这种情况下，一种方法是灌浆后，在混凝土分层面上钻孔直到所需高程，再埋设测压管；另一种方法是在混凝土中预埋钢管，待灌浆后钻孔，再埋测压管。管口用保护装置进行保护，防止杂物落入。

在基础灌浆完成后，测压管的直立管段随着混凝土每次向上浇筑而加长，每次对管内进行通透检查，在浇筑混凝土前均应用支架固定或紧缚于钢筋上，以免浇筑时发生损坏。每段的顶端高出混凝土浇筑层表面不能过长，并对管口进行保护。

当测压管通过伸缩缝时，为了防止伸缩或不均匀沉陷导致测压管损坏，最好采用特制跨缝装置，在伸缩缝两端的测压管口上连接一段软管，软管口紧套在测压管口上，再用钢带箍箍紧，使之不致漏气漏水。

在测压管制作完成后，进行连接检查。测压管安装完成后，进行注水和放水试验以测试测压管灵敏度，对于管中水位低于管口的，可进行注水试验，注水使管内水位升高 $3\sim5m$，记录管中水位回复到原水位的过程；对于管中水位高于管口的，可进行放水试验，放水后关闭阀门，记录其恢复到原来压力的时间，若超过 2h，可认为是不灵敏的。

（2）渗压计的埋设安装。在渗压计埋设的基岩位置钻一个孔深 100cm、孔径 5cm 的集水孔，将裹有渗压计的细砂包放在集水孔上，细砂包的体积为 $1000cm^3$，砂包用砂浆糊住，待砂浆凝固后，即可浇筑混凝土。施工时应对仪器电缆妥加保护，跨缝时可将电缆放松，外包几层麻布使其与混凝土脱开，并引入监测站进行监测。

（3）扬压力监测技术要点包括下列内容：

1）在建基面以下扬压力监测孔的深度不宜大于 1m，深层扬压力监测孔在必要时才设置。扬压力监测孔与排水孔不能相互替代使用。

2）当坝基存在影响大坝稳定的软弱带时，增加测点。测压管进水段应埋在软弱带以下 $0.5\sim1m$ 的岩体中，并作好软弱带进水管外围的止水，以防止下层潜水向上渗漏。

3）对于地质条件良好的薄拱坝，经论证可以少作或不作坝基扬压力监测。

4）坝基扬压力监测的测压管进水段必须保证渗漏水能顺利地进入管内。在可能发生塌孔或管涌的部位，增设反滤装置。

6.2.3 监测方法

扬压力采用测压管和基岩面渗压计进行监测。首次监测是在开始蓄水前，对各测点的水位进行全面的监测和记录。在蓄水期间，应查明水库水位上升与测点水位上升的关系，监测频次按施工期 $1\sim2$ 次/旬，首次蓄水期 1 次/d，初蓄期 $1\sim2$ 次/旬，运行期 1 次/旬 ~2 次/月进行。发现大坝有异常时，加密观测。

（1）测压管监测。每次监测前应检查每根测压管管口及接头处是否有漏气漏水现象，发现问题要及时处理并作监测记录。监测经验表明，水位长期超过管口的测压管，应将压力表固定安装，只有在需要进行检修及标定时才拆下来，以免管口密封不良引起读数失真，即便一年中有某些时候管中水位低于管口，也不必把压力表拆下，可在直管段用平尺水位计直接测读。

测压管管口高程和压力表、平尺式水位计都要定期进行检验，在测压管内水位低于管口高程的情况下，如怀疑测压管是否完好可进行注水试验，经过数小时以后，重新监测管中水位，以判断测压管是否失效。

（2）渗压计监测。当采用渗压计监测时，所得结果即为仪器所在部位测点的扬压力。国内外已有的部分工程将渗压计安装在测压管出口段代替压力表使用，借以达到自动化监测的目的。为了保证监测质量，最好每次监测两个测回，以便于分析比较。

6.2.4 监测数据处理

在现场监测扬压力时，应将读数和有关情况记入专门的记录表内，见表 6-1。表 6-1 中测管编号的第一个数字为测压断面号；第二个数字为该断面的测压管编号。

表 6-1　　　　　　　　　　　测压管现场监测记录表

测管编号 测压断面号～ 测压管编号	监测日期 /（年-月-日　时：分）	水　位 /m		压力表 /MPa		平尺水位计 /m		监测者
		库水位	尾水位	一次	二次	一次	二次	
1～7	2010-4-13　15：5	423.1	290.4	0.0251	0.0250			
2～3	2010-4-13　15：35	423.1	290.4			4.70	4.71	

现场监测记录应于当天或最迟第二天登记填入测压管监测计算表内，见表 6-2。已登记过的现场监测记录应妥善保存，经过一定时期后装订成册作为原始资料备查，或输入微机数据库。监测计算表是绘制成果曲线的依据，应作为重要资料保存。

表 6-2　　　　　　　　　　　测压管监测计算表

编号	监测日期 /（年-月-日　时：分）	水　位 /m			压　力　表 /kPa			水　位　计 /m			测管水位 /m
		库水位	尾水位	净水头	一次	二次	平均	一次	二次	平均	
17	2010-3-15　9：5	193.00	145.00	48.00				11.37	11.39	11.38	147.97
18	2010-4-15　8：10	193.00	145.10	47.90				6.37	6.96	6.37	152.98
19	2010-5-15　8：30	194.98	146.80	48.18	0.89	0.91	0.90				161.57

统计计算各测点扬压力，制作各个测点不同时间监测的扬压力统计表，根据统计表绘制各部位每个测点的扬压力—时间过程线、库水位—时间过程线、库水位—扬压力关系曲线。根据这些曲线，分析扬压力随季节变化关系以及扬压力与库水位变化关系。对变化比较大，超过设计值的，及时上报并分析其产生原因。

6.3　渗透压力监测

渗透压力监测主要监测混凝土工程内部的渗透压力，监测断面宜与应力监测断面相结合。

6.3.1　监测仪器

渗透压力监测一般采用渗压计。

6.3.2 渗压计的安装

渗压计安装主要包括下列步骤：

（1）渗压计埋设前经室内检验合格后，用铜丝网和过滤料（细砂）包裹渗压计，在水中浸泡 2h 以上，使其达到饱和状态。再在测头周围包裹干净的饱和细砂并保持进水口的通畅和防止水泥浆进入渗压计。

（2）埋设建筑物基础的渗压计，需钻一直径为 150～200mm，深度为 0.5m 的孔，如无透水裂隙，可根据该部位地质情况，在孔底套钻一个直径为 30mm，深度为 1m 左右的孔，孔内填砾石（粒径 5～10mm），再在孔内填细砂，将渗压计埋入细砂中，并将孔口用盖板封堵，然后用水泥砂浆封住，渗压计埋设见图 6-3。

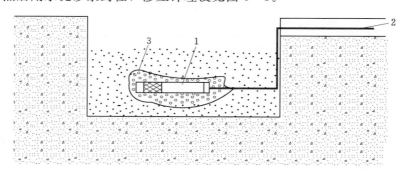

图 6-3　渗压计埋设示意图

1—渗压计；2—电缆；3—土工布包裹（中粗砂反滤料）

注：1. 仪器坑槽尺寸（长×高×宽）50cm×50cm×40cm。
　　2. 填砂粒径小于 5mm。
　　3. 电缆采取挖槽牵引，穿管保护。

6.3.3 监测资料处理

按监测部位和时序统计编制每只仪器渗透压力报表，绘制渗透压力、库水位—时间关系曲线。分析坝体施工缝、裂缝渗透压力的变化及产生变化的原因。

6.4 渗流量监测

对于水电工程，当大坝蓄水后，需要对通过坝体、坝基和两岸坝肩绕坝渗流的渗漏水的流量进行观测，绕坝渗流一般通过布置在绕渗线或者沿着渗流较集中的透水层中的测压孔来观测其水位变化。

6.4.1 监测仪器

渗流量一般采用量水堰、流速仪进行监测。

（1）量水堰。量水堰根据其结构分为直角三角堰、梯形堰、矩形堰，见图 6-4。

1）直角三角堰。直角三角堰过流出口为等腰三角形，底角采用直角，见图 6-4 (a)。直角三角堰适用于渗透流量小于 100L/s 的情况，堰上水深一般不超过 0.35m，最小不小于 0.05m，常用的直角三角堰标准结构及安装尺寸见表 6-3。

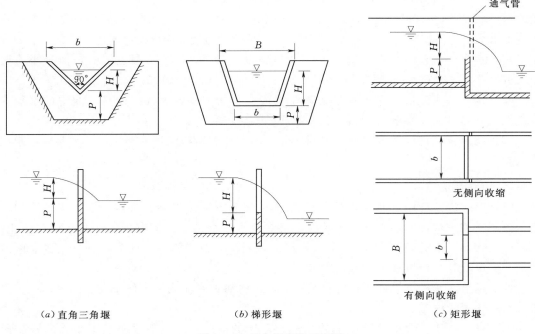

（a）直角三角堰 （b）梯形堰 （c）矩形堰

图 6-4 量水堰安装示意图

表 6-3 直角三角堰标准结构及安装尺寸表

编号	最大堰上水深 /cm	堰口深 /cm	堰坎高 /cm	堰板高 /cm	堰肩宽 /cm	堰口宽 /cm	堰板宽 /cm	流量范围 /(L/s)
	H	h	P	D	T	b	L	
1	22	27	22	49	22	54	98	0.8～32
2	27	32	27	59	27	64	118	0.8～53
3	29	34	29	63	29	68	126	0.8～64
4	35	40	35	75	35	80	150	0.8～101

2）梯形堰。梯形堰的过水断面为一梯形，常用边坡为 1：0.25，见图 6-4（b）。梯形堰口应严格保持水平，底宽 b 不宜大于 3 倍堰上水头，最大过水深度一般不大于 0.3m。适用于渗透流量为 1～300L/s 的情况。梯形堰标准尺寸见表 6-4。

表 6-4 梯形堰标准尺寸表（边坡 1：0.25）

编号	堰坎宽 /cm	堰口宽 /cm	堰上水深 /cm	堰口深 /cm	堰坎高 /cm	堰板高 /cm	堰肩宽 /cm	堰板宽 /cm	流量范围 /(L/s)
	b	B	H	h	P	D	T	L	
1	25	31.6	8.3	13.3	8.3	21.6	8.3	48.2	0.5～11.5
2	50	60.8	16.6	21.6	16.6	38.2	16.6	94.0	0.9～65.2
3	75	90.0	25.0	30.0	25.0	55.0	25.0	140.0	1.4～174.4
4	100	119.1	33.3	38.3	33.3	71.6	33.3	185.7	1.9～360.8

3）矩形堰。矩形堰可分为有侧向收缩和无侧向收缩两种，见图 6-4（c）。①有侧向收缩矩形堰。其堰前每侧收缩 T 至少应等于 2 倍最大堰上水头；堰后每侧收缩至少应等于最大堰上水头；②无侧向收缩矩形堰。在堰后水舌两侧的边墙上应设置通气孔。

矩形量水堰堰口应严格保持水平，堰口宽度一般为 2～5 倍堰上水头，但最小应为 0.25m，最大应为 2.0m，通常适用于渗透流量大于 50L/s 的情况。

（2）量水堰流速仪。用于测量设置在坝体、坝基和基岩等各部位量水堰中的水头变化，来自动遥测大坝渗漏状况。

（3）超声波流量仪。这是近年来国内外采用的一种新的流量监测仪器，可实现远距离测量。

6.4.2 监测方法

（1）容积法。适用于渗透流量小于 1L/s 的情况或无法将渗透水流长期汇集排泄的地方，监测时需进行计时，当计时开始时，将渗透水量全部引入容器内，计时结束时停止。一般要求容器充水时间不小于 10s，并用秒表测定，当已知记取的时间，并量出容器内的水量，即可计算渗透流量。

若现场监测条件不够方便，可在某一时段内将渗透水流先引入便于监测的水筒内，再测量水的体积和流量。

（2）量水堰法。适用于渗流量为 1～300L/s 的范围内。一般设置在集水沟的直线段上，上下游沟底及边坡需加护砌以免漏水，并可建造专门的混凝土或砌石引水槽。集水沟断面尺寸和堰高的设计，最好使堰下水深低于堰口，造成堰口自由溢流。如确有困难，堰下水深淹没堰口，则需根据水力学中淹没薄壁堰公式计算渗透流量。为了获得准确的监测成果，设置量水堰时还应符合下列要求：

1）堰壁需与引水槽和来水方向垂直，直立布置。堰板可采用钢板、铜板或钢筋混凝土板制成，表面应平整光滑。堰口要制成薄片，一般可将堰口靠下游边缘制成 45°。

2）量水堰的水尺应设在堰口上游，离堰口距离为 3～5 倍堰上水头，水尺刻度精确至毫米。为提高监测精度，尽可能用水位测针代替水尺来监测，读数至 0.1mm。有条件时，可采用量水堰仪遥测。

3）为了使量水堰上游水流稳定，可在水尺上游安装稳流设备。

6.4.3 监测资料处理

（1）容积法。根据测定渗漏水的容积除以充水时间，即可求得渗漏量。

（2）量水堰法。根据量水堰的结构形式，分以下几种：

1）直角三角堰。自由出流的流量按式（6-1）计算：

$$Q=1.4H^{5/2} \tag{6-1}$$

式中　H——堰上水头，m。

2）梯形堰。对于堰口坡度为 1:0.25 的梯形堰的渗流量按式（6-2）计算：

$$Q=1.86H^{3/2}b \tag{6-2}$$

3）矩形堰。侧向收缩矩形堰渗流量按式（6-3）计算：

$$Q=\left(0.405+\frac{0.0027}{H}-0.030\,\frac{B-b}{B}\right)\left[1+0.55\left(\frac{b}{B}\right)^2\left(\frac{H}{H+P}\right)^2\right]b\,\sqrt{2g}H^{\frac{3}{2}} \qquad (6-3)$$

无侧向收缩矩形堰渗流量按式(6-4)计算：

$$Q=\left(0.402+0.054\,\frac{H}{P}\right)b\,\sqrt{2g}H^{\frac{3}{2}}=Mb\,\sqrt{2g}H^{\frac{3}{2}} \qquad (6-4)$$

以上三式中　　H——堰上水头，m；

$\qquad\qquad\quad P$——堰高，m；

$\qquad\qquad\quad b$——堰口宽，m。

根据监测原始数据计算渗流量，按时序编制每个部位各测点的渗流量统计表，绘制渗流量—时间关系曲线、库水位—时间关系曲线以及同时段的渗流量—库水位关系曲线，为了便于进一步研究渗流来源，如有条件收集气象部门关于当地的降雨量资料，则应绘制同时段或者延迟时段的渗流量—降雨量关系曲线。根据这些关系曲线，可以比较直观地分析研究渗流量与季节变化、渗流量与库水位变化、渗流量与降雨量的变化关系，从而了解混凝土工程渗流来源、流量大小变化情况、是否因渗流侵蚀形成管涌对工程形成危害等。

6.5　水质监测

为探明坝基和绕坝渗流的来源，一般在大坝上游相应位置投放颜料、荧光粉或食盐，然后在下游取水样进行化验分析。渗流水质的化验分析可以了解渗流水的化学性质和对坝体、坝基材料有无溶蚀破坏作用，渗流水中所含的微粒及悬浊物质对渗透水来源及其发展情况、研究确定是否需要采取工程措施都是至关重要的资料。为此，在初步分析时，可检定渗透水的透明度，深入分析时则需进行水质的化验分析。

在渗水透明度测定中，需要注意两点：一是渗水透明度测定应固定专人进行，以免因视力不同引起误差。测定工作应在同等光亮条件下进行，每次测量时的光线强弱及光线与视线的角度尽量一致，但应避免阳光直接照射字板；二是平时只需每隔一定的时间，例如每月甚至每季度测定一次，但在进行渗透流量监测和现场检查时，要注意观察渗水是否清澈透明，发现渗水浑浊或有可疑现象时，及时进行透明度测定，以掌握其变化情况。

6.5.1　监测项目

水质监测主要有全分析项目、简易水质分析项目、透明度测定三项。

（1）全分析项目如下：

1）水的物理性质：水温、气味、浑浊度、色度。

2）pH 值。

3）溶解气体：游离二氧化碳（CO_2）、侵蚀二氧化碳（CO_2）、硫化氢（H_2S）、溶解氧（O_2）。

4）耗氧量。

5）生物原生质：亚硝酸根（NO_2^-）、硝酸根（NO_3^-）、磷（P）、铁离子（高铁 Fe^{3+} 及亚铁 Fe^{2+}）、氨离子（NH_4^+）、硅（Si）。

6）总碱度、总硬度及主要离子：碳酸根（CO_3^{2-}）、重碳酸根（HCO_3^-）、钙离子

（Ca^{2+}）、镁离子（Mg^{2+}）、氯离子（Cl^-）、硫酸根（SO_4^{2-}）、钾和钠离子（K^+、Na^+）。

　　7）矿化度。

　　（2）简易水质分析项目。主要包括：色度、水温、气味、浑浊度、pH 值、游离二氧化碳、矿化度、总碱度、硫酸根、重碳酸根及钙、镁、钠、钾、氯等离子。

　　（3）透明度测定。清洁的水是透明的，当水中含有悬浮物（有机的或无机的）和胶体化合物时，透明度便大大降低。水中悬浮物含量越大，其透明度越小。透明度与浑浊度之间换算关系见表 6-5。

表 6-5　　　　　　　　　　　　透明度与浑浊度之间换算关系表

透明度/cm	浑浊度/(mg/L)	透明度/cm	浑浊度/(mg/L)	透明度/cm	浑浊度/(mg/L)	透明度/cm	浑浊度/(mg/L)
5	200.00	29	31.40	53	16.25	77	10.46
6	150.00	30	30.50	54	15.85	78	10.30
7	120.00	31	29.60	55	15.50	79	10.15
3	100.00	32	28.75	56	15.30	80	10.00
9	89.00	33	27.95	57	14.80	81	9.85
10	80.80	34	27.20	58	14.50	82	9.71
11	73.60	35	26.50	59	14.20	82	9.57
12	67.30	36	25.80	60	13.90	84	9.43
13	61.90	37	25.10	61	13.65	85	9.30
14	57.30	38	24.40	62	13.40	86	9.18
15	53.30	39	23.70	63	13.15	87	9.06
16	50.50	40	23.00	64	12.90	88	8.94
17	48.00	41	22.35	65	12.70	89	8.82
18	46.00	42	21.75	66	12.50	90	8.70
19	44.20	43	21.15	67	12.30	91	8.58
20	42.50	44	20.55	68	12.10	92	8.46
21	40.90	45	20.00	69	11.90	93	8.34
22	39.40	46	19.45	70	11.70	94	8.22
23	38.00	47	18.95	71	11.52	95	8.10
24	36.70	48	18.45	72	11.34	96	7.98
25	35.50	49	17.95	73	11.16	97	7.86
26	34.40	50	17.50	74	10.98	98	7.74
27	33.35	51	17.05	75	10.80	99	7.62
28	32.35	52	16.65	76	10.63	100	7.50

6.5.2　检测仪器

　　（1）水质分析仪器。水化学分析室根据水质分析项目要求，用不同的化学分析器皿和化学分析药品。

　　（2）室内透明度测定仪器。水的透明度用透明度测定计测定，仪器由以下三部分组成：①长 150cm 有刻度的直杆一根，可以用木棍、竹竿、铁条等制成；②厚 0.5cm、直径 30cm 的白色圆盘一块，可以用搪瓷盘，也可用木板、铁板涂以白漆制成；③小铅鱼一个。以上 3 部分均可活动装置，以便携带。杆子顶端系以绳索，以便测量时上下提放，杆上的刻度，自白色圆盘开始，以 cm 为单位，刻至 120cm。

（3）室外透明度测定仪器。如在渗水出水口取水样时，则按十字法在室外测定水的透明度。仪器通常采用透明度管，管的内径为 3cm、长度为 50cm 或 100cm 的玻璃管，其上刻以厘米为单位的刻度，其下放一个白瓷片，片上具有宽度为 1mm 的黑色十字及 4 个直径为 1mm 的黑点。

6.5.3 监测方法

（1）水质分析。进行水质分析的步骤有下列内容：

1）取水样，在下游渗流出口处取 0.5～1.0L 水样，精确分析时取 1～2L，用带玻璃瓶塞的广口玻璃瓶装水样，装入水样前先将玻璃瓶及瓶塞洗干净，再用所取渗流水至少冲洗 3 次。

2）装入水样，用棉线填满瓶口与瓶塞之间的缝隙，再用蜡进行封闭。

3）在瓶上标明采样地点、日期、化验分析的项目及目的，并迅速将水样提交化验单位进行分析。

（2）透明度的测定方法。透明度的测定分室内测定和现场测定。

1）室内测定步骤为：①将透明度测定计缓缓沉入水中直至沿杆往下看不见白色圆盘为止，从杆上读出深度（水面与杆相切处）；②将测定计缓缓上提至重见白色圆盘时，从杆上读第二个读数；③如两次读数相差不超过 4cm，则取两次读数的平均值作为渗水的透明度，否则应再重复测定至合乎规定为止。

2）现场测定步骤为：①取出透明度测定管，将底部白瓷片用毛巾擦净；②将振荡摇匀的水样缓缓倒入测定管内，眼睛自管口垂直往下看，直到黑色十字完全消失为止；③重复进行两次，如两次读数相差不大于 2cm，则取两次读数的平均值作为渗水的透明度，否则应再重复测定至合格为止。

6.5.4 数据分析

根据所取水样类别（如库水、绕坝渗流水、主排水孔水、地下水），分析化验项目，编制水质分析主要项目统计（见表 6-6）。根据对比分析，可以分析各测点渗透水是来源于库水还是地下水或者来源其他地方。渗透水对混凝土工程是否发生溶出性侵蚀、危害大小等。

表 6-6 　　　　　　　　　　水质分析主要项目统计表　　采集时间：××××年××月××日

分析指标	水 样 编 号				
	左上排水洞	右上排水洞	库水样	1 号孔	2 号孔
色度/度	5	<5	5	5	棕红色
浑浊度/度	1	3	2	1	70
pH 值	8.26	8.37	8.54	9.07	8.53

分析指标	水 样 编 号				
	左上排水洞	右上排水洞	库水样	1号孔	2号孔
游离二氧化碳/(mg/L)	23.20	52.70	23.20	18.90	29.50
溶解氧/(mg/L)	7.01	7.40	7.40	7.50	7.20
高锰酸盐指数/(mg/L)	0.44	0.92	0.64	0.88	0.84
总硬度/(mg/L)	158.00	273.00	127.00	81.00	130.00
总碱度/(mg/L)	276.70	455.70	238.70	169.30	244.10
重碳酸盐/(mg/L)	168.70	277.80	145.50	103.20	148.80
碳酸盐/(mg/L)	0	0	0	0	0
氯化物/(mg/L)	14.90	8.90	1.40	13.50	6.30
硫酸盐/(mg/L)	15.30	30.30	27.90	77.10	28.60
钙/(mg/L)	44.00	86.00	51.00	22.00	36.00
钾和钠/(mg/L)					
镁/(mg/L)	19.60	23.00	5.20	6.20	9.30
铵离子/(mg/L)	<0.02	<0.02	<0.02	<0.02	<0.02
亚硝酸根/(mg/L)	<0.005	<0.005	<0.005	<0.005	<0.005
硝酸根/(mg/L)	12.50	10.30	0.89	12.30	6.15
高铁/(mg/L)	<0.05	<0.05	0.08	<0.05	0.16
亚铁/(mg/L)	<0.05	<0.05	<0.05	<0.05	<0.05
总铁/(mg/L)	<0.05	<0.05	0.08	<0.05	0.16
总磷/(mg/L)	0.13	0.16	0.15	0.14	0.14
矿化度/(mg/L)					

7 应力、应变及温度监测

如果说外部变形监测主要是对混凝土建筑物进行宏观监控，那么应力、应变及温度监测就是对其进行细微监控。通常外部变形监测仪器设备需混凝土建筑物建成后才能安装观测，而应力、应变及温度监测仪器一般随混凝土浇筑埋入，在混凝土建筑物施工同时进行同步监测。

应力、应变及温度监测主要包括：混凝土的应力、应变、锚杆（锚索）应力、钢筋应力、钢板应力及温度场的监测。

7.1 应力、应变监测

7.1.1 监测仪器

常用的仪器主要包括：应变计、无应力计、钢筋计、锚杆应力计、钢板计、锚索测力计等。

7.1.2 仪器安装埋设

（1）单向应变计。单向应变计安装埋设步骤主要包括下列内容：

1）根据设计要求，确定应变计的埋设位置。

2）埋设仪器的角度误差不超过±1°，位置误差不超过2cm，用细铅丝固定。

3）埋设仪器周围的混凝土回填时，剔除混凝土中8cm以上的粗骨料，用人工或用小型振捣器在周围插振，大型振捣器控制在距应变计1.5m以外范围。

4）埋设时保持仪器的正确位置和方位。

5）埋设后，做好标记，以防人为损坏，派专人守护。

（2）两向应变计。两向应变计安装埋设步骤如下：

1）可在混凝土振捣或碾压后，在埋设部位挖槽埋设，并用相同混凝土（剔除粒径大于8cm的骨料）人工回填，人工捣实。

2）两向应变计保持相互垂直，相距8～10cm。埋设仪器的角度误差控制在1°范围内，位置误差不超过2cm。

3）两向应变计组成的平面与结构面平行或垂直。

4）仪器埋设后，在埋设部位做明显标记，并留人看护。

（3）应变计组。应变计组在常态混凝土中的埋设方法与碾压混凝土中的埋设方法不尽相同，以下分别介绍。

1）常态混凝土中的埋设。其安装埋设步骤主要包括下列内容：

①按照埋设点的高程、方位及埋设部位以及混凝土浇筑进度，将预埋件预埋在先浇筑的混凝土层内，控制预埋件外露长度不小于 20cm［见图 7-1（a）］，预埋杆可根据需要适当加长，其螺纹部分用纱布或电工胶布包裹好，以免砂浆污染或碰伤。

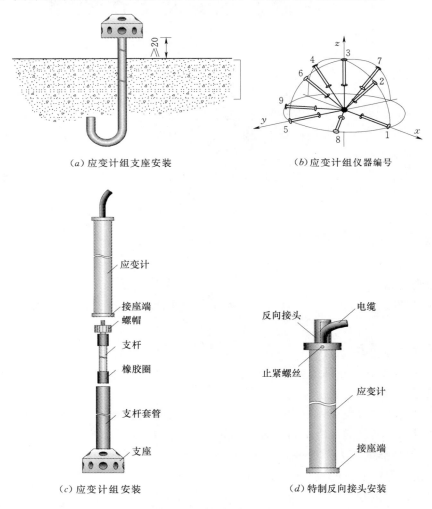

（a）应变计组支座安装　　　　　　　　（b）应变计组仪器编号

（c）应变计组安装　　　　　　　　（d）特制反向接头安装

图 7-1　应变计组埋设示意图（单位：cm）

1～9—测点

②当混凝土浇筑到接近埋设高程时，用适当尺寸的挡板挡好埋设点周围的混凝土，取下预埋件螺纹的裹布，安装支座并固定其位置和方向，然后将支杆套管按设计要求的方向装上支座。应变计组仪器编号如图 7-1（b）所示。

③将套管上螺帽松开，取出支杆（螺母应套在支杆上）旋入仪器上的接座端，拧紧后将支杆套入套管内，将螺帽拧紧［见图 7-1（c）］。

④将接好仪器的支杆插入支杆套管内，借助支杆两端的橡胶圈保证支杆的方向和位置稳定。

⑤按设计编号安装好相应的应变计，严格控制应变计的安装方向，埋设仪器的角度误

差控制在 1°范围内。定位后将仪器电缆捆扎在一起，并按设计去向引到临时或永久监测站。

⑥仪器周围的混凝土，剔除粒径大于 8cm 的骨料，从周围慢慢倒入仪器附近，并人工捣实。

⑦埋设过程中应进行现场维护，非工作人员不应进入埋设点 1.5m 半径范围以内。仪器埋好后，埋设部位做明显标记，并留人看护。

2）碾压混凝土中的埋设。在所有碾压混凝土监测仪器埋设中，应变计组埋设是难度最大的：一是占用空间大；二是准确定位困难；三是应变计及应变计组整体结构强度弱，不可经受高强度的振动和碾压。针对碾压混凝土施工方法，现介绍几种目前在施工中常用的安装方法，具体可根据项目及现场的条件灵活选用。

方法一：坑埋法，其安装埋设步骤主要包括下列内容：

①根据仪器埋设的数量，备齐仪器（已根据设计施工要求接长电缆）和附件（支座、支杆等），并做好仪器编号和存档工作。同时，考虑适当的仪器备用量。

②由于应变计组的坑埋需采用反向埋设。因此，向下垂直 90°向、45°向、135°向的应变计需在接长电缆前装上特制的反向接头 [见图 7-1（d）]，接长电缆后经测量是正常的再运到现场。

③按设计编号组装好相应的应变计。其中向下垂直 90°向、45°向、135°向的应变计采用特制的反向接头和带有电缆一侧的仪器端座连接，然后接在支座支杆上，反向接头与仪器端座是用螺丝连接或用止紧螺钉止紧。为了保证测点真正处于点应力状态，尽可能缩小成组仪器布置范围，支座、支杆加工成 8cm 长。互成 90°水平向两支应变计可以不使用反向接头；仪器固定前，应采用罗盘确定仪器的安装方向。

④可采取两种坑埋方式：一种是在测点处预置 80cm×80cm×60cm 的预留盒，待第二层碾压后取出预留盒，造成一个 80cm×80cm×60cm 的预留坑；另一种方式是在碾压过的混凝土表面现挖一个深 60cm、底部为 70cm×70cm 的坑。将已装在支座支杆上的应变计组倒置，慢慢放入挖好的坑内并定位，所有应变计应严格控制方向，埋设仪器的角度误差应不超过 1°，碾压混凝土中应变计组反向埋设见图 7-2。

⑤用相同的碾压混凝土料（剔除粒径大于 8cm 的骨料）人工回填覆盖，加入适量水泥浆，采用小型振捣棒细心捣实。测点处周边 1.5m 范围不得强力振捣，该处上层混凝土仍为人工填筑，小型振捣棒捣实。也可采用相同的碾压混凝土分层回填，并经人工捣实，并实时监测仪器，避免仪器损坏。

⑥上层碾压混凝土的施工间隔时间应不少于 7d；上层碾压混凝土碾压过程中，应不断监测仪器变化，判明仪器受振动碾压后的工作状态，避免仪器损坏。

⑦仪器引出电缆，集中绑好，开凿电缆沟水平敷设，电缆在沟内放松成 S 形延伸，在电缆上面覆盖混凝土的厚度应大于 15cm，回填碾压混凝土也是要剔除 4cm 以上的粗骨料，然后用碾子压实，避免沿电缆埋设方向形成渗水途径，仪器电缆应按设计要求引到临时或永久监测站。

⑧埋设过程中应进行现场维护，非工作人员不得进入埋设点 1.5m 半径范围以内。仪器埋好后，其部位应做明显标记，防止运料车、推土机在其上行驶。

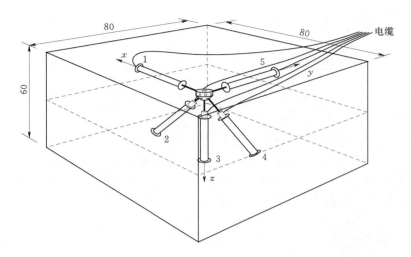

图 7-2 碾压混凝土中应变计组反向埋设示意图（单位：cm）

1~5—应变计

①加工网箱。网箱可有效保证应变计组在施工过程不被破坏，同时，在混凝土摊铺时能直接进入箱内，大小规格为 90cm×60cm×90cm（长×宽×高），上下分 2 节便于第一、第二层混凝土摊铺，4 角及 4 周上下边缘用 φ20 螺纹钢加工，4 周网格用 φ6 钢筋加工，网格约 12cm。

②按仪器设计位置和高程，尽量保证应变计组支架中心在层面处，在下层混凝土初凝之前，开挖大小与网箱相配方坑，将支架中心杆插入次下层混凝土中，安装支杆和应变计，安装网箱，整理电缆。

③第一层应变计组区域采用人工摊铺，人工振实，捣实在仓面整体碾压完成后进行；

④第二层摊铺之前按要求引出电缆，摊铺和捣实同第一层，并立标志，以便下一层通仓碾压。

⑤第三层采用通仓摊铺，采用机械通仓碾压，至此应变计埋设完成。

网箱直埋法工序见图 7-3。

方法三：定位留孔法，其安装埋设步骤如下：

①加工钢质定位器，可以自由装配向下垂直 90°向、45°向、135°向的应变计预留孔钢筒，预留钢筒根据应变计大小和长度设计，应变计组定位器加工见图 7-4。

②在下层混凝土初凝之前，挖槽深度 300mm（即下一层），长度与深度以放入定位器为准，将装配好的定位器置入槽中并用挖坑料回填，人工振捣直至密实度与周围相同。

③第一层摊铺后，在定位板处作标志，任其直接碾压，碾压完成 2h 左右，根据标志开挖，拆下定位板，同时拔出定位钢筒成 3 个定位孔。

④埋设向下垂直 90°向、45°向、135°向的应变计，定位孔内以水泥浆固结，并将电缆和电缆保护设施按要求处理。

⑤水平向应变计埋设，按传统 5 向（以 45°夹角最多为 7 向）应变计组做法，以支座为中心向 5 个方向辐射，从而监测混凝土一定区域内 5 个方向的应变，理论上无支架定向

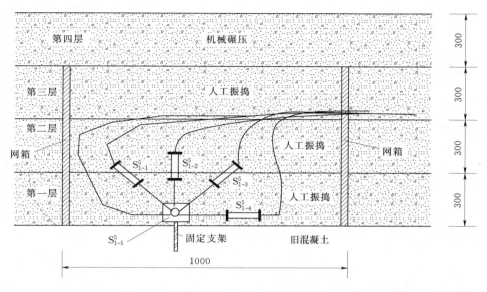

图 7-3 网箱直埋法工序示意图（单位：mm）

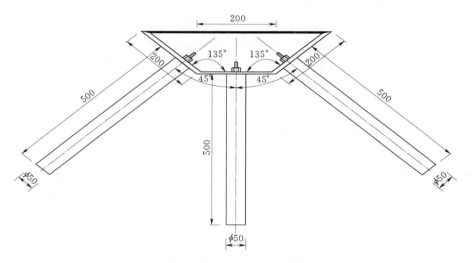

图 7-4 应变计组定位器加工示意图（单位：mm）

与有支架定向对监测成果无任何影响，但必须定位准确。因此，在水平向仪器埋设时采用罗盘和水平尺定位和校准，保证水平向仪器埋设定位的正确性，水平向仪器在第一层混凝土中完成，人工振捣时在周围振动而不直接在仪器埋设上部振动，振捣密实后竖立标志，供下一层摊铺和振捣定位。定位留孔法见图 7-5。

⑥第二层仍采用人工摊铺和人工振捣。

⑦第二层以上采用机械摊铺和机械直接碾压，完成应变计组定位留孔法埋设。

（4）无应力计。无应力计在常态混凝土中的埋设方法与在碾压混凝土中的埋设方法不尽相同，以下分别介绍。

1）常态混凝土中的埋设，其安装埋设步骤为：①无应力计筒可以按图 7-6 采购或加

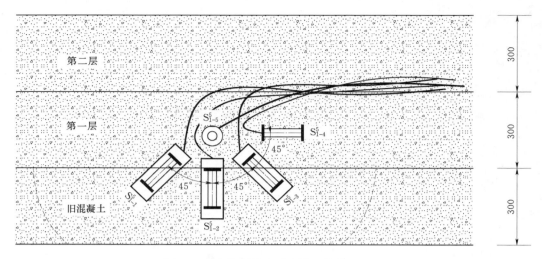

图 7－5　定位留孔法示意图（单位：mm）

工；②埋设时在无应力计筒内填满混凝土，筒内外混凝土材料与应变计周围的相同，人工振捣密实；③检查安装位置是否与图 7－6 所示一致，仪器读数是否正常，浇筑无应力计周围的混凝土；④无应力计埋设在混凝土内部时，应将无应力计筒的大口向上，无应力计位置靠近坝面时，应尽量使无应力计筒的轴线与等温面垂直；⑤引线至临时接线箱并检查仪器标识；⑥最后测试读数，填写安装记录，浇筑时有专人保护仪器。

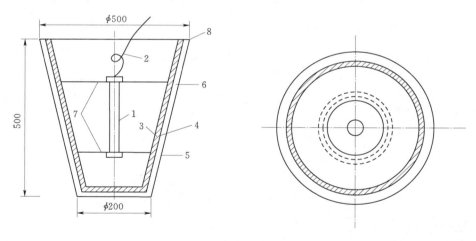

图 7－6　无应力计筒示意图（单位：mm）

1—应变计；2—电缆；3—5cm 厚沥青层；4—内筒；5—外筒；

6—空隙（可填木屑或橡皮）；7—16 号铅丝拉线；8—周边焊接

2）碾压混凝土中的埋设。

方法一：预埋留孔法，其安装埋设步骤为：①本方法适合大口向上安装无应力计，根据设计高程尽量使筒底与旧混凝土层面一致；②在第一层混凝土初凝之前和第二层碾压之前，挖 30cm 深的坑，将无应力计筒预埋，周围回填开挖的原状碾压混凝土，振捣密实；

③混凝土摊铺时注意无应力计筒周围和筒内填充的碾压混凝土均匀、同步上升，在筒内竖向埋设约 φ40mm 长度不短于 1m 钢管，筒内人工捣实，用人工方法使预留孔尽量铅直，筒周围可用碾压机具碾压；④混凝土碾压工序完成之后初凝之前拔出预埋钢管，然后将应变计装入孔中，应变计部分用水泥砂浆回填，上部用同仓碾压混凝土回填人工捣实，然后挖沟埋设电缆即完成仪器埋设；⑤第三层碾压混凝土采用机械摊铺和机械碾压。

无应力计预埋留孔法工序见图 7-7。

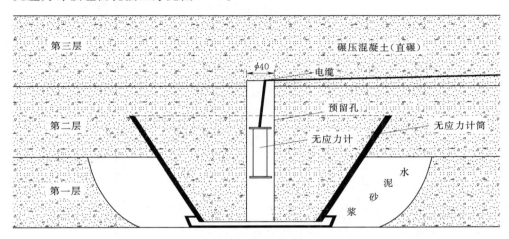

图 7-7 无应力计预埋留孔法工序图（单位：mm）

方法二：直埋法，其安装埋设步骤为：本方法适合大口向下安装无应变计，根据设计高程尽量使筒底与碾压层面一致；在第一层混凝土摊铺之前，使用筒扣件将无应力计安置在无应力计筒内，电缆从筒底钻孔引出。

第一层摊铺时注意筒内剔除大于 5cm 粗骨料，内外摊铺高度一致，待第一层碾压完成后，在无应力计筒周边振捣，只在筒外振捣，由于振动范围小，筒外振捣可通过筒体传递，使筒内混凝土同样达到振捣目的。

第二层摊铺和振捣与第一层工作程序一样，由于第二层碾压后无应力计筒完全掩埋，因此在仪器埋设处竖立标志，以免下一层不致直接碾压。

第三层仍用人工摊铺，人工振捣，至此，本次无应力计直埋法工作完成，第三层以上按正常碾压施工。

无应力计直埋法工序见图 7-8。

（5）基岩应变计。应变计可作为基岩应变计安装埋设在岩体中，基岩应变计的埋设方法可采用钻孔式或坑埋式。

1）钻孔式。钻孔孔径约 75～90mm，孔深根据设计要求确定。孔内冲洗干净，排除积水，仪器应位于埋设孔中心，其方向误差不超过±1°。埋设时采用膨胀水泥砂浆（或微缩水泥砂浆）填孔。为防止水泥砂浆对仪器变形的影响，在仪器中间嵌一层厚 2mm 的橡皮或油毛毡。基岩应变计钻孔式埋式见图 7-9（a）。

2）坑埋式。采用凿槽埋设时，开槽的尺寸为 500mm×200mm×200mm。仪器安装定位的方向误差应不超过±1°。埋设时应将槽坑清洗干净，采用膨胀水泥砂浆（或微缩水泥

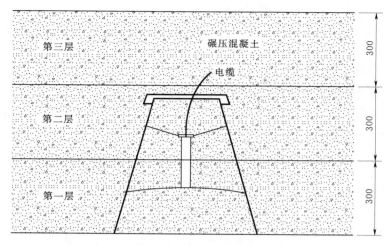

图 7-8 无应力计直埋法工序示意图（单位：mm）

砂浆）铺填。为了防止砂浆对仪器变形的影响，应在仪器中嵌一层厚 2mm 的橡皮或油毛毡。基岩应变计坑埋式埋设见图 7-9（b）。

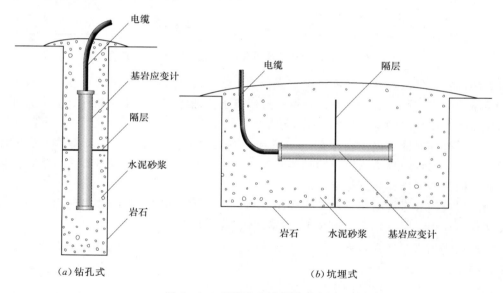

（a）钻孔式　　　　　　　　　　　　（b）坑埋式

图 7-9　基岩应变计埋设示意图

（6）钢板计。其安装埋设步骤主要包括下列内容：

1）将专用夹具焊接在钢管、钢板外表面，夹具应有足够的刚度。

2）对应变计预压以扩大受拉量程，然后将应变计安装在专用夹具上。

3）加装保护罩，其周边与压力钢管点焊，盒内充填沥青等防水材料以防仪器受外水压力或灌浆压力的损害。

钢板计安装埋设见图 7-10。

（7）压应力计。按安装方向不同压应力计的埋设安装可分为垂直向、水平向和倾斜向

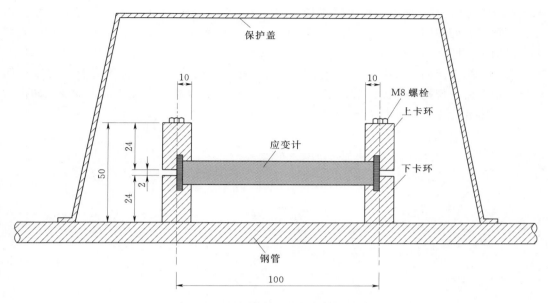

图 7-10　钢板计安装埋设示意图（单位：mm）

方式。

1）垂直向。安装埋设步骤主要包括下列内容：①在已浇筑至埋设点高程的混凝土表面事先预留底面积约为 40cm×40cm、深 30cm 的坑，次日将埋设坑表面凿毛，在坑底部用砂浆铺平（厚度约 5cm），用水平器保持底板水平；②砂浆初凝后，再用 80g 水泥、120g 砂（粒径不大于 0.6mm）和适量水拌成塑性砂浆，做成一圆锥状放在中央，然后将压应力计轻轻旋压使砂浆从压应力计底盘边缘挤出，再将三脚架放在压应力计表面，加上 100～200N 荷重，保持 12h；③用除去 5cm 以上骨料的同强度等级混凝土回填覆盖，并用小型振捣器振捣，然后轻轻取出三脚架，并在埋设处插上标志；④仪器电缆按设计走向引至临时或永久监测站。

压应力计垂直向安装见图 7-11。

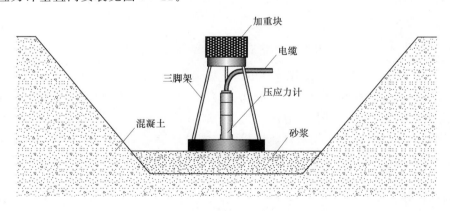

图 7-11　压应力计垂直向安装示意图

2）水平向。安装埋设步骤主要包括下列内容：①在已浇筑至埋设点高程的混凝土表面事先预留底面积约为 40cm×40cm、深 30cm 的坑，次日将埋设坑表面凿毛，在坑底部用砂浆铺平（厚度约 5cm），用水平器保持底板水平；②为确保压应力计安装方向和位置的正确，采用专门的支架将压应力计固定在测点处；③用除去 5cm 以上骨料的混凝土回填覆盖，并用小型捣振器振捣后，将支架去掉。混凝土硬化前切勿使压应力计受到冲击。

压应力计的水平向安装见图 7-12。

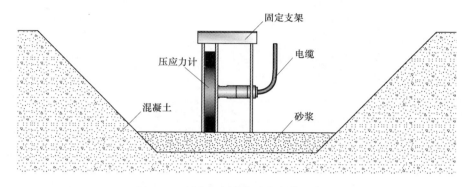

图 7-12　压应力计水平向安装示意图

3）倾斜向。压应力计按倾斜方向安装时，其安装方法与水平方向相同，但需采用专门的支架，以保证压应力计的安装角度。压应力计倾斜向安装见图 7-13。

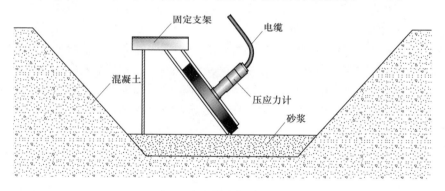

图 7-13　压应力计倾斜向安装示意图

（8）钢筋应力计。其安装步骤主要包括下列内容：

1）按钢筋直径选配相应规格（一般选择等直径）的钢筋应力计，仪器两端的连接杆分别与钢筋焊接强度不低于钢筋强度。

2）钢筋应力计焊接可采用对焊、熔槽焊和螺纹连接（见图 7-14）。当采用现场焊接时，在仪器设计位置截去一段与仪器同长的钢筋。焊接过程中在仪器段绑扎麻布片连续浇水冷确，并用读数仪进行温度监测，如发现温度超过 60℃ 时立即停焊。为防止温度过高可采取间断焊接，禁止在焊缝处浇水，以免焊层变硬脆，焊接部位需用麻布包扎好。

3）安装、绑扎带钢筋应力计的钢筋，将电缆引出点朝下。

4）混凝土入仓远离仪器，振捣时振捣器至少距离钢筋应力计 1.5m，振捣器不可直接插在带钢筋应力计的钢筋上。

5）带钢筋应力计的钢筋绑扎后作明显标记，留人看护。

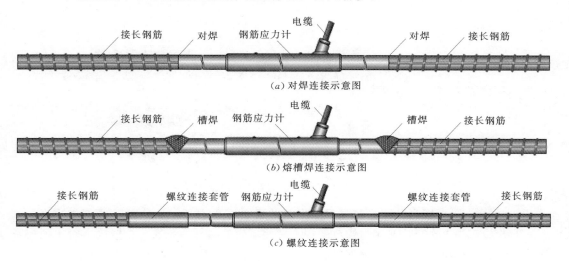

图 7-14　钢筋应力计安装示意图

（9）锚杆应力计。其安装步骤主要包括下列内容：

1）钻孔。按设计孔深及方位造孔，孔径大于锚杆应力计最大直径，孔全长内的弯曲小于孔半径，钻孔清洗干净。

2）按锚杆直径选配相应规格的锚杆应力计，将仪器两端的连接杆分别与锚杆焊接在一起，焊接强度不低于锚杆强度。焊接过程中采取措施避免温升过高而损伤仪器。

3）在已焊接锚杆应力计的观测锚杆上安装排气管，将组装检测合格后的观测锚杆送入钻孔内，引出电缆和排气管，插入灌浆管，用水泥砂浆封闭孔口。

4）安装检查合格后进行灌浆，按规范要求进行监测，并做好记录。

锚杆应力计安装见图 7-15。

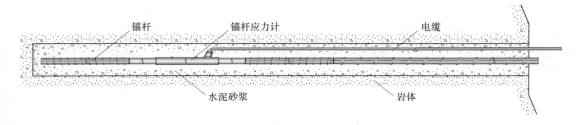

图 7-15　锚杆应力计安装示意图

（10）锚索应力计。其安装埋设步骤如下：

1）安装前，对应力计、千斤顶、压力表进行现场配套联合标定。

2）锚索施工时，监测锚索应在对其有影响的周围其他锚索张拉之前进行张拉。

3）将锚索束穿入仪器的承压钢筒，并将应力计安装在工作锚和锚垫板之间。

4）锚索应力计在安装时尽可能对中，以避免过大的偏心荷载。为了使锚索应力计受力均匀，应在其承载钢筒的上下面设置专门加工的锚垫板，见图 7 - 16。锚垫板应保证足够的厚度，表面必须加工平整光滑，不得有任何疤痕异物。

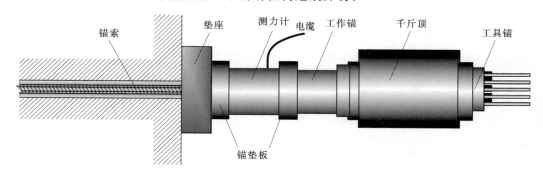

图 7 - 16　锚索应力计安装示意图

5）为防止锚索应力计在张拉过程中在锚垫板上产生滑移、测值偏小或测值失真，必须保证锚索应力计的安装基面与锚束的中心轴线垂直，偏差应在±1.5°以内，对于偏斜孔必须在孔口处采取必要的纠偏处理措施。

6）锚垫板与测力承载钢筒之间紧密结合。安装过程中对仪器进行监测，使承压钢筒均匀受压。加载时从中间锚索开始向周围锚索逐步加载，以免仪器偏心受力或过载。在荷载稳定后测取读数，同时注意各支传感器反映的荷载是否一致。如发现几何偏心过大（仪器分测不等值，即为有几何偏心），即时予以调整。

7）压力计安装就位后，加荷张拉前，应准确测量其初始值和环境温度，连续测读 3次，当 3 次读数的最大值与最小值之差小于 1%F·S 时，取其平均值作为监测的基准值。

8）基准值确定后按设计技术要求分级加荷张拉，逐级进行张拉监测：每级荷载测读1 次，最后一级荷载进行稳定监测。每 5min 测读 1 次，连续测读 3 次，最大值与最小值之差小于 1%F·S 时则认为稳定，及时测读锁定荷载。

7.1.3　监测方法

应力、应变主要通过安装埋设相应的应力、应变传感器进行监测，如混凝土的应力、应变通过混凝土内安装埋设应变计及无应力计进行监测，钢筋及锚索的应力、应变通过安装埋设钢筋计、锚杆应力计及锚索测力计进行监测，钢板的应力、应变通过安装埋设钢板计进行监测。

7.1.4　数据处理

将现场采集的数据换算成对应的应力、应变物理量，制作相关图表，主要包括：应力、应变过程线，应力、应变分布图和应力、应变相关图等。

7.2　温度监测

7.2.1　监测仪器

目前最常用的是电阻式温度计，差阻式及带测温功能的振弦式仪器可同时测读温度。

7.2.2　仪器布置安装

仪器安装埋设步骤主要包括下列内容：

（1）按设计要求，确定温度计的埋设位置。

（2）预埋两根 ϕ12mm 的插筋，并将一根水平向的 ϕ12mm 钢筋点焊在预埋插筋上以固定温度计。

（3）当混凝土浇筑面距埋设点约 20cm 时，用黑胶布将温度计密缠 3 层，以防仪器受碰损坏，并用黑胶布将其固定在水平钢筋上。

（4）振捣器不应接近 0.6m 范围以内；仪器周围人工回填剔除粒径 8cm 以上骨料的混凝土，用人工捣实且不应触及仪器。

（5）仪器埋设过程中及混凝土振捣密实后应进行监测，如发现不正常应立即处理或更换仪器重埋。

（6）埋设在上游面附近的库水温度计，温度计轴线平行于坝面，且距坝面 5～10cm。

（7）埋设在钻孔内的基岩温度计，预先绑扎在细木条上。

7.2.3　监测方法

混凝土温度主要采用安装埋设温度计进行监测。

7.2.4　数据处理

将现场采集的数据换算成测点温度，制作温度过程线、温度分布图等。

8 水 力 学 监 测

由于某些复杂的水力学现象，模型是无法模拟的，某些水力因素也并不符合理论模型规律。因此，模型试验仅是解决水力学问题的初步手段。水力学监测已成为混凝土工程监测的重要任务之一，尤其是大型水利枢纽工程，水力学监测更是必要任务。

水力学监测主要针对水利水电工程的输、泄水建筑物，其主要目的是：掌握各水工建筑物的水动力特性及其运行状况；判断或预测可能发生的异常状况，并及时采取有效措施；优化枢纽调度方案和掌握水工建筑物的运行规律；为工程验收和运行管理提供依据；验证设计方案，为以后的工程建设提供经验；配合模型试验开展水力学专题研究。

水力学监测的项目主要包括：水流流态与流速监测、水面线监测、动水压力监测、泄流量监测、空蚀监测、通气量与掺气浓度监测、振动监测、泄洪雾化监测、消能与冲刷监测等。

通常输、泄水建筑物进出口水位差超过80m时，需要进行水力学监测。具体项目根据输、泄水建筑物的结构型式以及工程或科学研究的实际需要合理选择。监测断面的选择需要针对建筑物溢流、泄洪消能设施布置的结构特点和消能要求来选定。监测点的布置需要考虑便于监测成果计算与模型试验结果的比较和验证。各监测项目和测点之间需要相互配合，以便综合分析。

8.1 水流流态与流速监测

8.1.1 监测内容

泄水、引水、过坝建筑物的进口流态监测主要包括：水流侧向收缩、回流范围、漩涡漏斗大小和位置、波浪高度和水流分布情况等。

泄水建筑物泄槽流态监测主要包括：水流形态、折冲水流、冲击波、弯道水流及其产生的横比降、闸墩和桥墩的绕流流态等。

泄水建筑物出口流态监测主要包括：上下游水面衔接形式、底流、面流、戽流、挑流等消能工流态。

泄水建筑物下游河道流态监测主要包括：水流流向、回流形态和范围、冲淤区、波浪及水流分布对岸边和其他建筑物的影响等。

8.1.2 测点布置

（1）水流流态测点布置。通常布置在泄水、引水和过坝建筑物的进口，泄水建筑物的汇槽、出口和下游河道。

（2）水流流速测点布置。通常根据排漂、漩涡、空蚀、磨蚀、掺气及消能冲刷等需要选择。一般选择在挑流鼻坎末端、溢流坝面、渠槽底部、局部突变处、下游回流及上下游航道等部位；泄水建筑物前沿、消能建筑物（消力池、挑流鼻坎）和水电站尾水渠内。通常顺水流方向选择若干监测断面，在每一断面上测量不同水深点的流速，尤其需要关注水流特征与边界条件有突变部位的流速监测。

8.1.3 监测方法与结果处理

（1）水流流态监测方法与结果处理，可采用文字描述、摄影、录像等方法进行监测，也可采用地面同步摄影测量等方法进行监测。

（2）水流流速监测方法与结果处理，可采用浮标法、转子式流速仪法、超声波法、毕托管法等进行监测。

1）浮标法。浮标是漂浮在水面上的一个标志，随水的流动漂移，其运动速度可认为与水面流速相同，水面流速可通过测量浮标的移动速度得到。因此，该方法仅适用于测量水流的表面流速。浮标在正式使用前需要检验其修正系数，不同的浮标，其修正系数也不同。可用目测法、全站仪极坐标法、摄影法测量。

采用浮标法测量流速时，在测流断面的上下游选择两个浮标测速断面，再在岸边顺水流方向设置一条测速基线，在两个浮标测速断面和测速基线上设置标志。测量时，首先在上测速断面的上游施放浮标，使用无棱镜全站仪的测量员一直用全站仪跟踪浮标，当浮标通过两个测速断面和测流断面时，记下通过断面的时间，可计算出流速。浮标法测流速见图 8-1。

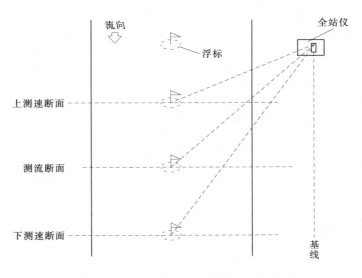

图 8-1 浮标法测流速示意图

2）转子式流速仪法。转子式流速仪由旋转、发送通信、身架、尾翼和测杆等部件组成，其结构见图 8-2。其测速原理是根据水流对转子的动量传递，水流运动带动转子的转动，将水流直线运动能量通过转子转换成转矩，而在一定流速范围内，水流流速与流速仪转子转速存在近似的线性关系，即可按式（8-1）计算水流流速：

$$v=Kn+C \tag{8-1}$$

式中　v——流速，m/s；

　　　　n——流速仪转子的转速，r/s；

　　K、C——常数，可通过流速仪检定水槽测得。

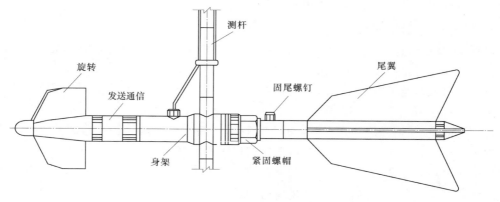

图 8-2　转子式流速仪结构示意图

采用转子式流速仪监测泄流流速时，一般情况下要在测速断面安装支架，见图 8-3，支架需要具有足够的强度。

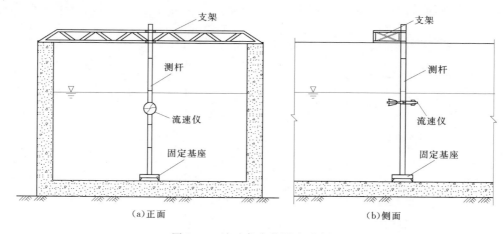

图 8-3　流速仪安装测流示意图

考虑施工方便以及对仪器的保护，先按以下步骤在混凝土内埋设流速仪底座和电缆，见图 8-4，流速仪测头在监测实施前再安装。安装步骤为：①打开通用底座顶盖板，将信号电缆从电缆管穿入，预留足够的长度，电缆头用热缩套管封装；②确认电缆管内有密封橡圈后，拧紧电缆管密封螺母。向通用底座内灌注硅胶或沥青，将电缆管充满，以便进一步密封防水；沥青温度不宜过高，以可以自由流动为宜；③待硅胶或沥青固结后，盘卷好底座内电缆，放好圆形密封垫圈，加盖顶盖板，确认无误后，将通用底座埋入混凝土中；④埋设底座时，确保顶盖板表面与周边混凝土结构表面齐平，平面误差小于 ±1mm；⑤在底座顶盖板上和旁边混凝土表面用红色油漆明确标示出该测点编号。

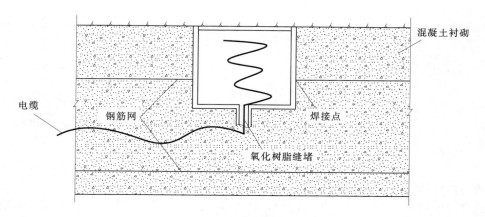

图 8-4 通用基座埋设示意图

正常使用情况下，流速仪的检验结果稳定期通常为 1 年或累计工作 300d，超过稳定期后，需及时送检。

3）超声波法。按测量原理可分为超声波时差法和超声波多普勒法。

①超声波时差法，适用于水面较窄的情况，具体又分为一层法、三层法和多层法。超声波时差法的测速原理是通过超声波在静水和动水中传播速度的差异来测量水流流速。假设超声波在静水中的传播速度为 c、水流流速为 v，当超声波顺水流传播时，其传播速度应为 $c+v$，而逆水流传播时，传播速度为 $c-v$。因此，测出顺流与逆流传播的时差后，即可计算出水流流速。

超声波流速仪由换能器和控制记录仪组成，两个换能器分别安装在测量断面的两岸边，见图 8-5。两个换能器安装在同一高程上，两岸的换能器相互对准，对向误差不大于 5°，水流流向与超声波传播方向的夹角约 45°，换能器距底面高度和距水面深度应大于 0.2m。对于水较深的断面，在不同深度安装多对换能器，一般设 3~4 层。由于超声波的传播速度受整个断面这一层水流影响，所以它测量的是这一层水的平均流速，这对流量计算有利。超声波流速仪具有自动测量功能，有利于自动化监测。

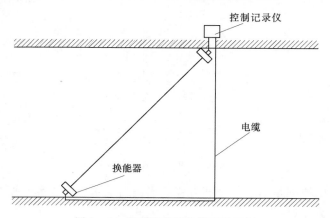

图 8-5 超声波流速仪安装示意图

②超声波多普勒法。多普勒超声波流速仪由换能器、发射器、接收器和控制处理仪组

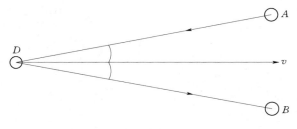

图 8-6 超声波多普勒测速原理图

成。其安装方式与转子式流速仪基本相同，也是测量水体的点流速。

超声波多普勒法的原理是利用多普勒效应量测水流的流速。在测量水体流速时，是将水中的悬浮物或气泡作为反射体，测出其运行速度，即可测出水的流速，见图 8-6。

图 8-6 中 A、B 分别代表超声波发射端和接收端，是固定的，D 为被测物，以速度 v 运动。当 A 发射频率为 f 的辐射波时，辐射波经物体 D 的反射产生频移后，接收端 B 接收的频率为 f'。超声波多普勒频移 f'' 按式（8-2）计算：

$$f''=f'-f=f\frac{v}{c}(\cos\theta_A+\cos\theta_B) \tag{8-2}$$

式中　f''——超声波多普勒频移，Hz；

　　　f'——频移，Hz；

　　　f——振源频率，Hz；

　　　v——被测物运动速度，m/s；

　　　c——超声波的传播速度，m/s；

θ_A、θ_B——运动方向与 AD、BD 连线的夹角。

　　A、B 点固定后，c、f、θ_A、θ_B 均为已知，由式（8-2）得：

$$v=\left[\frac{c}{f}(\cos\theta_A+\cos\theta_B)\right]f''=Kf'' \tag{8-3}$$

　　由式（8-3）可知，物体速度与频移 f'' 之间呈线性关系。

　　4）毕托管法。毕托管由动静水压力感应孔、压力传递管、静动水压力接出管等组成，见图 8-7。

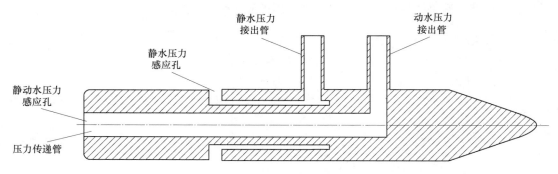

图 8-7　毕托管结构示意图

　　毕托管测流速的原理是基于伯努利方程，当测出动水压力与静水压力的差值后，可按式（8-4）计算水流流速：

$$v=\alpha\sqrt{2gH}=K\sqrt{H} \tag{8-4}$$

式中　v——流速，m/s；

　　　α——毕托管修正系数，可近似取 1.0；

　　　g——重力加速度，m/s^2；

　　　H——动水压力与静水压力的差值，m；

　　　K——系数，由实验室确定。

毕托管结构简单，按式（8-4）计算的流速准确，但在实际使用时，由于仪器在流动水流中固定困难，易产生振动或摆动，压力测值很难稳定。因此，误差较大。

8.2　水面线监测

8.2.1　测点布置

在溢洪道、无压泄洪洞布置水面线测点。

8.2.2　监测内容

在运行初期或者遭遇超历史记录的水位时，需要对泄水建筑物的水面线进行监测。水面线监测即上下游水面衔接特性监测主要包括：溢洪道水面线、无压泄洪洞水面线、挑流水舌轨迹线和水跃情况等监测。水跃监测主要包括：水跃长度测量及平面扩散水面线监测。

8.2.3　监测方法与结果处理

可在闸墩及其导墙上绘出方格网，或在消力池边墙、挑流鼻坎边墙和泄槽边墙立水尺，泄洪时用望远镜或全站仪监测，也可采用地面同步摄影测量等方法进行监测。

挑流水舌轨迹线可用全站仪测量水舌出射角，入水角，水舌上、下缘轨迹线，水舌挑距，平面扩散等，也可用立体摄影测量平面扩散。

明流溢洪道等泄水建筑物的沿程水面线与衔接水面线监测，可在其边墙绘制网格，采用水尺法、直角坐标网格法或摄影法进行监测；挑流水舌的入射角、出射角和水舌厚度可用全站仪测量，也可用立体摄影技术等进行测量。

无压泄洪洞的最高水面线可用预涂粉浆法或水尺法测量，也可用电测式水位计测量。

根据监测数据编制相关统计表，并绘制相关水面曲线。

8.3　动水压力监测

动水压力可分为瞬时压力、脉动压力和时均压力。由于闸坝和输水管道建筑物等的振动都是脉动压力引起的。因此，脉动压力的监测相对比较重要，脉动压力监测主要是测量脉动水流的振幅和频率。

8.3.1　测点布置及监测仪器

监测断面布置以能反映过水表面的压力分布特征，并满足监控工程安全运行的要求为原则。一般沿水流方向在闸底板和闸墩下游的中线处布置测点。对于溢流堰面、闸底板中线、闸墩下游中线、消力池底板、边墙挑流鼻坎反弧段和边墙体型突变部位的动水压力测点，沿水流方向选定若干控制断面布置，有条件的可与模型试验相对应。泄水孔、洞主要测定边壁动水压力。有压隧洞选定若干控制断面测量洞壁动水压力，确定压坡线。为相互验证，在监测脉动压力时，在其周围设置1～2个测压管，以便同时监测时均压力。

动水压力常用仪器为测压管和压力传感器。

8.3.2　监测方法

（1）测压管法。测压管测动水压力的原理是通过一根连通管将测点处的动水压力转换成测压管水头进行量测，通常采用测压管水银比压计或压力表进行测量。动水压力测压管埋设见图8-8。测压管管径适宜，既要防止泥沙颗粒进入，也要防止孔径过大而引起水流漩涡使测压值失真。安装时，确保测压管的测头表面与底面或壁面齐平，测压管水银比压计或压力表的安装位置需要低于测压孔进口高程。不进行测试时，可用薄金属板将测头盖紧。

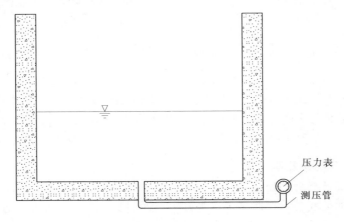

图8-8　动水压力测压管埋设示意图

测压管安装好后需要进行编号并测定其位置和高程，比压计的液面高程或压力表的高程需要精确测定，并进行详细记录，压力表必须经检定合格后才能使用。

（2）压力传感器法。通常选用压阻式或电阻式传感器。压力传感器的电缆和传感器底座在压力传感器安装前预先埋设。

脉动压力和瞬时压力采用自动采集仪或记录仪读取和记录测值。而瞬时压力的平均值就是时均压力。

脉动压力和时均压力都可采用压力传感器测量，通常正压区采用压力传感器，在可能存在负压的测点采用负压传感器。

8.3.3　监测数据处理

按断面部位统计计算其动水压力，编制库水位、泄流量—动水压力统计表，并绘制库水位—动水压力关系曲线、泄流量—动水压力关系曲线。

8.4　泄流量监测

8.4.1　监测断面布置

按测试需要布置泄流量固定测流断面和临时测流断面。固定测流断面布置在水流断面稳定的部位，临时测流断面可视泄水建筑物具体情况布置。

8.4.2 监测方法与结果处理

泄流量可以根据水文测流断面水尺、流速及水流断面面积推算流量。在工程建成后，对泄水建筑物的泄流量进行监测，积累泄流量和下游水位的资料，绘制下游水位与流量的关系曲线。当泄水建筑物设有控制水位的闸门时，通过闸门在不同开度下的水位和泄流量的监测，绘制水位—流量关系曲线。

8.5 空蚀监测

8.5.1 测点布置及监测仪器

通常在下列部位布置空蚀监测断面或测点：

（1）水流曲率突变或水流发生分离现象的下游处、扩散段、弯道、岔道、消力墩背水面及底部。

（2）隧洞、闸门门槽和门框、溢流面反弧段、挑流鼻坎和辅助消能工。

（3）高水头底孔出流与坝面溢流交汇处，水流受到干扰而流速达到 15m/s 以上的区域。

（4）施工不平整、人工回填处。

（5）模型试验中容易发生空蚀的部位。

常用监测仪器为水下噪声探测仪。

8.5.2 监测方法与结果处理

在可能出现空穴处，用水下噪声探测仪监听空泡溃灭时噪声强度变化进行空蚀监测。可用地面近景摄影测量的方法测出空蚀量，大型空蚀需要量测空蚀的面积和深度，计算空蚀量。在整个空蚀破坏范围内，设置各种标记，用照相机、录像机拍摄记录空蚀破坏全貌，监测空蚀的平面分布，同时记录相应的水流条件（上、下游水位，流量，闸门开度等）。

8.6 通气量与掺气浓度监测

8.6.1 测点布置及监测仪器

（1）通气量测点布置及监测仪器。在通气孔、槽区等部位，通气管形状比较规则且前后均有一定直段的部位设置通气量测点。可采用孔口板、毕托管、风速仪等仪器，负压值采用测压管或压力表。

（2）掺气浓度测点布置及监测仪器。在坝后掺气水流底层设置掺气浓度测点，监测掺气平均浓度及其发展过程，研究掺气浓度分布规律。必要时，加密舌落点和冲击力测点，测出沿流向底部的含气浓度，并延伸至上游空腔中，测出水舌落点附近的最大掺气浓度和冲击力。可采用掺气仪（电测法）、水尺和测压管等进行监测。

8.6.2　监测方法与结果处理

（1）通气量监测方法与结果处理。可采用孔板法、毕托管、风速仪等方法，测出通气孔风速，计算通气量。监测负压值可用测压管或压力表。

（2）掺气浓度监测方法与结果处理。掺气监测的目的是研究掺气浓度的分布规律和掺气防蚀的保护范围。主要内容包括掺气的发生及发展过程、设置掺气坎后水流底层的掺气浓度、明渠水流表面的自然掺气浓度监测等。为了测出水舌落点附近的最大掺气浓度、沿水深方向的掺气浓度和冲击力，需要加密水舌落点附近的测点，并延伸至上游空腔中。另外，在监测掺气浓度的同时，还需对水面线、水位、流速、流量以及水压力等进行监测。常用方法如下：

1）取样法。采用负压取样器取掺气水样，通过掺气水样的水、气分离处理测出掺气量。

2）电测法。又分为电阻法和电容法，常用的是电阻法。电阻法的工作原理是根据水和空气的电导率不同，通过测量掺气后水的导电能力与未掺气时的差异确定水中的掺气量。

3）同位素法。基于放射性同位素的 γ 射线通过水和空气时的吸收值不同的特点，测量掺气水的分层掺气量。

8.7　振动监测

8.7.1　测点布置及监测仪器

通常在建筑物易产生振动的部位布置振动测点。可采用加速度计、拾振器和测振仪等仪器进行监测。

8.7.2　监测方法与结果处理

当地面运动加速度达到触发条件时，仪器自动记录一个事件的加速度时程数据，记录完一个事件之后，在存储器中形成一个文件，仪器自动进入等待状态。

8.8　泄洪雾化监测

8.8.1　测点布置及监测仪器

通常在易受泄洪雾化影响的建筑物设置泄洪雾化测点。可用自记雨量计、比色法、目测、地面摄影测量法等进行监测。

8.8.2　监测方法及结果处理

将泄洪雾化视为雨水，用自记雨量计监测。可通过锥形导水漏斗将雨水导入内部传感器装置进行测量，通过连接电缆将降雨量数据传送至仪器内部进行处理储存。同时，在仪器显示屏上显示当前雨量值，也可显示历史雨量变化曲线，通过按键操作，还可查阅不同日期及不同时间段内的雨量变化。其记录可远传到控制中心的接收器，实现有线远传或无线遥测。

根据收集到的数据，统计计算出日、月平均雾化水量，最大、最小雾化水量，编制同时段泄流量与雾化水量关系表，并绘制时间—雾化水量过程线、泄流量—雾化水量关系曲线。

8.9 消能与冲刷监测

8.9.1 监测内容

（1）消能监测。消能监测是对底流、面流和挑流等各种消能工消能时的水流形态进行测量和描述。其中对挑流消能还需量测水舌剖面轨迹、平面扩散覆盖范围、碰撞挑流加测撞击位置。

1）底流消能监测。其主要监测对象是明槽水流从急流变为缓流时水面产生的水跃现象，包括水跃的形态、长度、前后水深和流速等监测。

2）面流消能监测。主要监测涌浪与平面回流。

3）挑流消能监测。可分为挑射水舌的测量和水垫消能测量。

（2）冲刷监测。泄水建筑物的溢流面、边墙，闸门的下游底板、消力池、消力戽、辅助消能工、下游渠道和护坦底板等部位需要进行冲刷监测。

1）局部冲刷监测。局部冲刷监测是准确测定冲坑位置、形态、深度及范围，并能绘制出冲刷坑的地形等高线。水下部分监测断面和测点布置的间距一般为 1～3m，地形突变的部位需要适当加密测点。

2）局部淘刷监测。当采用面流和戽流等消能方式时，需要对易受水流挟带的砂石的旋转和滚动淘刷的部位进行监测和检查，如齿槽、冲坑底部与其他建筑物的衔接处。

3）淤积物监测。根据基础条件和泄流条件，在泄水建筑物的下游布置几个有代表性的纵、横向监测断面，在淤积物监测区域内测量。

8.9.2 监测方法与结果处理

（1）消能监测。主要包括：目测法、摄影法和全站仪交会法等。过坝水流总消能率计算尚需量测下游河床断面的水位和流量。

1）底流消能监测。水跃的长度和前后水深可利用设置在边墙上的方格网及水尺组，通过目测法或摄影法监测。若消力池中的流速大于 15m/s，需要监测消能设施有无空蚀发生。

2）面流消能监测。借助网格或水尺，目测涌浪的水舌涌高和跃后涌浪；平面回流监测需要重点关注回流的位置、范围及流速。面流消能率可通过在下游河段中水流开始恢复正常紊动的稳定河床部位设置断面，测量断面的水位和流量进行推算。

3）挑流消能监测。挑射水舌的测量一般采用全站仪交会法以及摄影法。同时还需要监测水舌跌入下游尾水时的入水位置，水舌入水后的平面水流形态，水体激溅和水面波动的影响范围等。挑流消能效果的监测可以采用与面流消能相同的方法。

（2）冲刷监测。水上部分的冲刷情况目测即可，水下部分的冲刷情况则需采用测深法、压气沉柜检测法、抽干检查法及水下电视检查法等进行监测。

1）局部冲刷监测。采用抽干检查法监测时，还要对冲刷部位的岩石节理裂隙、断层等地质情况进行详细记录。

2）局部淘刷监测。详细记录淘刷部位的位置、范围及深度，并绘制平面图和剖面图。

3）淤积物监测。详细记录岩块的平均尺寸和最大尺寸，以及测量淤积物的厚度、体积和分布情况。

9 地 震 监 测

在水利水电工程建设和运行中地震若导致混凝土工程毁坏，将会给国家财产和人民生命产生巨大的损失和灾难。我国于 2004 年 9 月 1 日正式实施的《地震监测管理条例》第十四条规定了水库大坝等重大工程应该按国家规定设置强震动监测设施，说明了进行地震监测的重要性和必要性。

9.1 地震监测仪器

地震监测主要通过地震监测网络采集地震发生时的测点的速度、加速度，以判断地震发生的方位和强度，并通过其他监测资料，反映出在某一特定的地震强度下，对结构物变形、渗流、应力应变的影响程度。

地震监测网络设备一般包括记录器、三分量加速度地震计（传感器）、可充电的电池电源、MODEM、GPS 接收器和天线、有关的电缆线和全套通信监控软件。大多数水电工程一般设置一个或多个地震监测仪，并布置在不同的地点，以获得地震发生时测点震动信息（加速度，速度和位移）。

9.2 地震监测系统的布置

地震监测系统布置最基本的三种方式：独立式、互联式、集中式。

每种方式都有其优缺点，具体采用哪种方式，应根据设计目的、能否利于全球定位系统接收器获得准确的实际时间、是否利于数据的读取来判断确定。

系统布置时应考虑远程通信功能，便于外部访问和通过网络中心进行系统控制，可以使远程控制系统及时调阅数据。同时，还要考虑系统的供电安全性、绝缘、超压防护。

9.2.1 独立式地震监测站

独立记录监测站其地震仪布置简单。记录仪主要用于单独记录震动发生的时间，并绘制震动过程曲线。每个记录仪都连接到 GPS 提供的基准时间系统上时，才能提供各个单独记录仪之间准确的相互关联的数据。其布置特点是：1 台传感器（加速度计）加 1 台数据记录仪，仪器间互不相连。不足之处：在不同的记录仪之间没有公共的触发机制，因此，在网络的不同节点上所记录的振动不可能建立相互关联的关系。

9.2.2 互联式地震监测站

对于多台地震仪系统，则选用互联式或集中式记录地震监测站，并提供基准时间系统。采用互联式时，在连接方式、数据的流动和可访问性等方面有比较多的选择余地。

如果该测点没有设置网络同步化，那么它将按照指定的内置触发条件执行地震记录。每个记录仪都可发出输出信号进行局部通信。某个记录仪故障仅会影响该测点，因此这样的监测网络的可靠性很高，如果网络出现中断情况，每个记录仪将作为一个单独的记录仪运行。

9.2.3　集中式地震监测站

集中式地震监测站是将几个部位的地震监测传感器连接到网络中心的中央记录设备。集中记录网络的配置根据网络管理功能的需要，以及数据访问的难易性、存储容量等因素决定。由于计算机系统的介入，系统的管理、调试、资料的处理分析、数据的及时上报等，显得更加便捷。

9.3　地震监测仪器安装埋设方法

9.3.1　监测点的制作

（1）地震反应测点采用钢筋混凝土观测墩，观测墩露出部分尺寸为 40cm×40cm×20cm。

（2）观测墩浇筑前在地震监测点位置打孔预埋插筋，将面打毛，冲洗干净后再用砂浆、混凝土现浇，预留出导线穿入孔。

（3）在观测墩上设置拾振器底板，两者用环氧树脂黏结，保证牢固接触。

（4）拾振器安装后，再安装保护罩。

（5）加速度计的信号电缆采用多芯屏蔽防水电缆，并沿电缆沟敷设，对裸露部分采取适当的保护措施。

（6）在信号线与记录线的连接处设置电话接线盒，以供检查方便。

9.3.2　记录仪的安装

记录仪固定在监测站的工作台上。监测站具备抗震功能，保证强震时记录仪能正常工作；室内有独立的配电盘和过压安全保护设施，并备有补充直流电源及 220V 电源，室温不低于 0℃。信号接通后，确定拾振器的振动方向与记录图上振动波形方位的对应关系；根据欲测地震的强度调整各记录道的灵敏度，使仪器处于待触发状态，一旦地震发出，仪器就能自动记录。

9.3.3　系统的检查维护

地震监测系统的检查维护主要采用定期巡回方式进行，主要检查下列内容：

（1）仪器有无干扰和破坏。

（2）仪器是否触发运行，若仪器已触发，需按时收取记录。

（3）电池工作电压是否正常，如发现电压不足，需按规定给电池充电。

（4）驱动系统工作是否正常。

（5）拾振器系统工作是否正常。

（6）触发—控制系统工作是否正常。

（7）时标工作是否正常。

（8）介质是否需要更换。

完成各项检查之后，认真填写检查记录，恢复工作，将仪器各部分置于待触发工作状态。

9.4　数据采集

根据相关规范规定的监测周期进行数据采集，采集中应注意下面几点：

（1）对混凝土建筑物以基础最大加速度 $0.05g$ 作为警戒值，对土工建筑物以基础最大加速度 $0.025g$ 作为警戒值。

（2）地面加速度记录大于 $0.002g$ 时，应及时读取各个通道的最大加速度。

（3）场地加速度峰值不小于 $0.025g$ 时，应及时填写监测记录报告单。

9.5　数据处理

定期对采集的数据进行统计计算，编制报表，绘制特征曲线。在分析时如果发现场地加速度不小于 $0.025g$ 时，应及时对加速度记录进行常规分析处理。

在对加速度记录进行常规分析的基础上，同时，要计算出加速度水平向最大峰值、垂直向最大峰值、地震动持续时间、地震卓越周期、地震烈度、结构的动力放大系数和结构的自振周期等重要数据，发现异常值应及时分析其产生的原因。

如果有峰值加速度大于 $0.025g$ 的情况，应结合强震动监测记录和其他安全监测记录，及时对水工建筑物进行震害检查和分析。

10 自动化监测

自动化监测系统是为了满足水电站运行期"无人值班，少人值守"现代化管理模式的需要，实现监测的实时采集、数据传输以及快速决策。

10.1 自动化监测系统要求

（1）自动化监测系统设计以工程安全监测为目的，遵循"实用、可靠、先进、经济"原则，并满足水电站现代化管理的需求。

（2）安全自动化监测系统作专题设计，分为三个设计阶段：可行性研究阶段、招标设计阶段和施工设计阶段。

（3）根据工程的等级和运用要求，自动化监测可用于工程施工期、蓄水期和运行期。系统的建设统一规划，分步实施。

（4）自动化监测站配备独立于自动测量监测仪器的人工测量设备，以备自动化监测设备故障时能够保持连续测值，必要时也可作为检验自动化监测设备的参照设备。

（5）新建工程的自动化监测系统根据监测系统总体设计，按下列原则选择实施自动化监测的项目和内容：

1）为监视工程安全运行而设置的监测项目。

2）需要进行高准确度、高频次监测而用人工监测难以胜任的监测项目。

3）监测点所在部位的环境条件不允许或不可能用人工方式进行监测的监测项目。

4）拟纳入自动化监测的项目已有成熟的、可供选用的监测仪器设备。

（6）测点选择及监测仪器设备选用的原则：

1）测点应反映建筑物及其基础的工作性态，目的明确。

2）测点选择宜相互呼应，重点部位的监测值宜能相互校核，必要时可以进行冗余设置。

3）自动测量监测仪器设备在满足准确度要求的前提下，力求结构简单、稳定可靠、维护方便。

4）系统选择稳定可靠的监测仪器，其品种、规格有条件时宜尽量统一，以降低系统维护的复杂性。

（7）已建工程的监测自动化系统根据其运行情况，对已有监测系统进行综合评价和更新改造，并在此基础上实施监测自动化改造。纳入监测自动化系统的项目应为监视工程安全所必需的项目。

（8）为消除或避免影响准确度的因素，监测仪器、测量装置中的准直线（如引张线、垂线系统的线体）以及信号线、通信线、电源线等均应加以必要的保护。

（9）为确保自动化监测系统可靠运行，进行防雷设计。

10.2 自动化监测系统仪器设备

10.2.1 系统的构成

系统由各观测项目的数据自动采集系统和工程安全监控管理系统两部分组成。

数据自动采集系统由智能模块化结构数据采集单元、监控主机、管理计算机等构成。标准型模块化智能数据采集单元是由数据采集智能模块、电源、防雷、防潮等部件组成，各种数据采集智能模块均有 CPU、时钟、数据存储、数据通信等功能，可对建筑物及岩土工程的变形、渗流、渗压、温度、应力应变、水位等项目进行自动监测。由于采集单元内部采集模块的独立性和智能化，使分布式数据采集进一步分散到了模块一级，系统故障的危险得以进一步降低，系统的采集速度和可靠性大为提高。

工程安全监控管理系统由控制主机、微机工作站、微机服务器等组成，构成工程安全监测局域网络工作组，对外可以与各局域网和广域网互联。异地的上级有关管理部门可在任何时间监控远端的自动化监测系统，完成操作者所希望进行的各种操作。其监控管理系统为多任务网络运行方式，Windows 图形操作环境，人机接口以图形界面方式实现。操作者只需按图形窗口所提示的菜单或按钮进行操作即可实现操作控制和功能调用，操作极为方便、简捷。

工程安全监控管理系统具有丰富的管理软件，可实现观测项目的自动数据采集（或远程采集）及人工录入、离线分析、安全管理、网络系统管理、数据库管理和远程辅助监控及远程辅助服务等功能。

典型自动化监测系统结构见图 10-1。

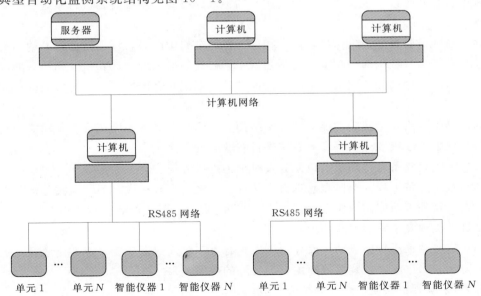

图 10-1 典型自动化监测系统结构图

10.2.2 系统环境要求

（1）工作条件。自动化系统对工作环境的具体要求统计见表 10-1。

表 10-1　　　　　自动化系统对工作环境的具体要求统计表

设　备	温度/℃	相对湿度/%	设　备	温度/℃	相对湿度/%
监测站	-10～50	≤95	监测管理站	0～50	≤85
采集装置	-20～60	≤95	监测管理中心	15～35	≤85

（2）周围环境要求。无爆炸危险、无腐蚀性气体及导电尘埃、无严重霉菌、无剧烈振动冲击源。监测站接地电阻不宜大于 10Ω。监测管理站、监测管理中心接地电阻不宜大于 2Ω。

（3）工作电源要求。交流电源：①额定电压：交流 220V，允许偏差±10%；交流 36V，允许偏差±10%；②频率：50Hz，允许偏差±2%。不间断电源（UPS）：交流电源掉电时 UPS 维护正常工作时间不小于 30min。

10.2.3 系统功能要求

（1）系统具备巡测和选测功能，系统数据采集方式可分为中央控制方式和自动控制方式。

（2）系统有显示功能，能显示建筑物及监测系统的总体布置、各监测子系统组成、过程曲线、报警状态显示窗口等。

（3）系统有操作功能，能在监测管理站的计算机或监测管理中心站的计算机上实现监视操作、输入/输出、显示打印、报告现在值状态、调用历史数据、评估系统运行状态；根据程序执行状态或系统工作状态给出相应的提示；修改系统配置、进行系统测试和系统维护等。

（4）系统设备具备掉电保护功能。在外部电源突然中断时，保证数据和参数不丢失。

（5）系统具备数据通信功能，包括数据采集装置与监测管理计算机之间的双向数据通信，以及监测管理站和监测管理中心站内部及其同系统外部的网络计算机之间的双向数据通信。

（6）具备网络安全防护功能，确保网络的安全运行；具备多级用户管理功能，设置有多级用户权限、多级安全密码，对系统进行有效的安全管理。

（7）系统宜具备自检功能，以便为及时维护提供方便。

（8）系统配备工程安全监测管理系统软件。该软件宜有在线监测、离线分析、数据库管理、安全管理等功能。应包含数据的人工/自动采集、测值的离线性态分析、图形报表制作等日常工程安全管理的基本内容。

（9）除自动采集数据自动入库外，还应具有人工输入数据功能，能方便地输入未实施自动化监测的测点或因系统故障而用人工补测的数据。

（10）系统具备与便携式计算机或读数仪通信的接口，能够使用便携式计算机或读数仪采集监测数据，以便进行人工补测、比测或防止资料中断。

10.2.4　系统性能要求

（1）系统宜具备下列采集性能指标：

1）采集信号：模拟量、数字量。

2）采集对象：差动电阻式、电感式、电容式、压阻式、振弦式、差动变压式、电位器式、光电式等监测仪器，步进电机式测量装置、真空激光准直装置以及其他测量装置。

3）系统运行方式：支持24h不间断运行，根据需要可调节。

4）测量周期：大于10min，根据需要和测量装置特点（如有无控制部件）可调。

5）系统采集时间：

巡测：无控制、常态/快速测量，小于1h；有控制、常态测量，小于2h。

选测（单点）：无控制、常态测量，小于1min；有控制、常态测量，小于10min；无控制、快速测量，小于0.5min。

（2）系统的测量准确度满足《混凝土大坝安全监测技术规范》（DL/T 5178—2003）、《土石坝安全监测技术规范》（SL 551—2012）和《大坝安全自动监测系统设备基本技术条件》（SL 268—2001）中的各项要求。

（3）现场网络通信应符合下列要求：

1）系统通信方式为多层网络结构。

2）现场网络结构为多层网络结构。

3）现场网络介质为双绞线、光纤、无线、电话线。

4）网络通信速率宜根据构建现场网络的通信方式，以通信稳定可靠为原则选定。

（4）系统运行的可靠性应满足：系统平均无故障时间（MTBF）大于6300h。

（5）系统具备抗雷击、瞬变干扰功能。系统测量单元及模块采用金属箱体封装、在电路设计上对通信接口采用光电隔离技术，可在强电磁环境下可靠工作。在电源系统、通信线路接口、通道接口等环节设置有效的抗雷击保护电路，能够在高雷击环境长期稳定运行。系统防雷电感为500~1500W；瞬态电位差小于1000V。

（6）采集系统设备测量范围符合各类监测仪器的要求。

（7）系统具备较强的环境适应性，具备防潮、防锈蚀、防鼠、抗振等性能。

（8）系统软件满足下列要求：

1）基于通用的操作环境，并根据需要采用单机或客户机/服务器结构。

2）具有图文并茂的用户界面。

3）为用户提供通用的浏览器界面。

4）能随计算机操作环境和系统工具软件的版本升级而更新。

10.2.5　监测设备

监测设备主要有传感器、数据采集装置、计算机及其软件、监测管理中心设备等。

（1）传感器。接入自动化系统的传感器应满足下列要求：

1）接入自动化系统的传感器，其技术指标应满足DL/T 5178—2003和SL 551—2012的要求，应符合国家计量法的规定。

2）传感器应定期进行检查和校验。

3) 传感器能够连续、准确、可靠地工作，在使用寿命期能适应工作环境，主要性能满足技术规范要求。

4) 接入自动化系统的传感器，其输入输出信号标准应开放。

（2）数据采集装置。具备下列基本要求：

1) 具有电源管理、电池供电和掉电保护功能。蓄电池供电时间不应少于 3 天（需强电驱动控制的设备除外）。

2) 具有选测、按设定时间自动巡测和暂存数据功能。

3) 具有同时采集计算机进行通信的功能。

4) 可接收采集计算机的命令设定、修改时钟和测控参数。

5) 可使用便携式计算机或读数仪实施现场测量，可用采集计算机、便携式计算机从数据采集装置中获取其暂存的测量数据。

6) 具有一定的自检、自诊断功能，能自动检查各部位运行状态，将故障信息传输到管理计算机，以便用户维修。

7) 通道数：标准配置宜为 8～32 个通道。

8) 采集对象：可为电阻式、电容式、电感式、振弦式、光电式、步进电机测量装置、电位式以及输出为电流、电压等带有变送器的监测仪器和其他测量装置。

9) 测量方式：定时、单检、巡检、选测或任设测点群。

10) 定时间隔：大于 10min，可设置。

11) 采集时间：不大于 30s/点（带驱动控制的测点除外）。

12) 适应工作环境：温度－10～＋50℃（－20～＋60℃可选）；湿度不大于 95%。

13) 平均无故障时间（MTBF）：6300h。

14) 平均维修时间（MTTR）：不大于 2h。

15) 防雷电感应：500～1500W。

16) 数据储存容量：不小于 50 测次。

17) 通信接口：宜采用 RS485 或其他通信方式，通过软件接口（如控件、函数库、动态链接库等）或开放通用通信规约。

18) 具有人工测量接口，以方便人工比测或在采集装置发生故障时人工测读数据。

（3）计算机及其软件。其技术应符合下列要求：

1) 具备适合工业应用环境，有较高运算速度和较大储存容量的工业 PC 机，宜配置便携式计算机作为移动工作站，并宜配有打印机。

2) 能与监测管理中心站和监测站进行网络通信，并接收管理计算机的命令向监测站数据采集装置转发指令。

3) 具有可视化用户界面，能方便地修改系统设置、设备参数及运行方式；能根据实测数据反映的状态进行修改。

4) 具有对采集数据库进行管理的功能。

5) 具有画面、报表编辑功能。

6) 具有系统自检、自诊断功能，并实时打印自检、自诊断结果及运行中的异常情况，作为硬拷贝文档。

7）当配备调制解调器和程控线路，应能提供远程通信、辅助维护服务支持。

8）具备自动报警功能。

9）具有运行日志，故障日志记录功能。

（4）监测管理中心设备。其技术应符合下列要求：

1）监测管理中心的基本配置为：数据库服务器、微机工作站、打印机、电源设备等硬件和监测管理软件。工程等级较高、工程规模较大的系统应根据需要增配服务器、扫描仪、储存设备、网络设备等构成网络工作组。

2）交流电源掉电时，不间断电源维持系统正常工作时间不应小于 30min。

3）能通过采集计算机对现场采集系统采集和控制。

4）能完成大坝监测数据的管理和日常工程安全管理工作。

5）能实现与有关管理部门及远程上级主管部门进行数据通信。

6）具备能完成日常工程安全管理的工程安全监测管理软件，该软件的主要功能宜包括：在线监测、离线分析、图表制作、测值预报、厂区和远程网络通信、数据库及其管理、系统管理和安全保密等。

7）具备声光报警提示或其他方式报警功能。

10.3 系统设备检验方法

10.3.1 检验条件

（1）正常检验大气条件：环境温度 15～35℃；相对湿度 25%～75%；大气压力 86～106 kPa。

（2）仲裁检验大气条件：环境温度 25℃±2℃；相对湿度 45%～55%；大气压力 86～106 kPa。

（3）电源条件：交流频率 50Hz，允许偏差±2%；电压 220V，允许偏差±2%。

10.3.2 检验方法

（1）数据采集装置性能及功能按照有关标准的规定方法进行各项检验。

（2）系统功能及性能检验方法。将工程配备的自动化设备（数据采集装置、监测仪器或仪器的模拟件），按照现场配置方式组成大坝安全自动采集系统，分别进行功能及性能检验。根据工程监测系统布置，输入模拟参数，校验测点换算的公式、制作抽样测点的测值表格；设置几种异常值，检验系统告警处理的功能；设置故障，检验系统的自检功能。

（3）所有用于检验的计量设备均按国家有关要求的规定定期进行检定。

10.4 现场安装调试

10.4.1 设备安装

（1）安装前对传感器、MCU 等关键监测设施进行认真检查、测试和率定，对各项技术指标和稳定性达不到要求的要予以退换，杜绝不合格产品的投运。对 MCU 和部分暴露在大气中的非密封型传感器，要在高湿度恶劣环境下经过长时间的通电考验后才能接入系统。

（2）电缆牵引尽可能避开高压线路及输变电设备，以减少干扰，布线应整齐。

（3）将数据采集单元按设计要求安装到现场指定位置，箱体一般安装在离地面约1.5m的水平位置，并用4个膨胀螺栓固定好，确保与被测对象联成整体，支架必须进行防锈处理。

（4）所有仪器在接入自动化设备之前用兆欧表（100V/50MΩ）检查并记录其绝缘电阻。对不稳定的仪器做好备注，不接入自动化系统。

（5）完成准备工作后，即可进行仪器接入，将每一仪器所在模块的地址号及通道号做好记录。然后按仪器的具体接入情况对模块进行初始化设置。初始化设置完成后即可让模块进行定时测量。通常在短时间内进行3次以上的测量，并分析其测量的稳定性及准确性，完成后将测量结果填入相应的调试表中。自动化的测量结果与人工的测量结果相差较大的应做进一步分析，重新进行人工比测，以确认其中原因。

10.4.2 系统调试

（1）对每个自动化监测点进行快速连续测试，以检查测值的稳定性。

（2）对有条件的监测项目及监测点，人工干预给予一定物理量变化，检查自动化测值是否出现相应变化。

（3）逐项检查系统功能，以满足设计要求。

（4）逐项检查监测仪器设备的安装方向，确保与规范规定一致。

（5）对于更新改造工程，对新老系统的测值关系和处理作出说明。

（6）系统安装调试完成后，提供系统的安装调试报告。

10.4.3 系统考核

（1）系统联机运行后应能实现下列功能：

1）数据采集功能。系统可用中央控制方式或自动控制方式实现自动巡测、定时巡测或选测。

2）数据处理和数据库管理功能。

3）监测系统运行状态自检和报警功能。

（2）系统时钟应满足在规定的运行期内，监测系统设备月最大计时误差小于3min。

（3）系统运行的稳定性应满足下列要求：

1）试运行期监测数据的连续性、周期性好，无系统偏移，能反映工程监测对象的变化规律。

2）自动测量数据与对应时间的人工实测数据比较变换规律基本一致，变幅相近。

3）在被监测物理量基本不变的条件下，系统数据采集装置连续15次采集数据的精度达到监测仪器的技术指标要求。

4）自动采集的数据其准确度应满足 DL/T 5178—2003、SL 268—2001 中的各项要求。

（4）系统可靠性应满足下列要求：

1) 系统设备的平均无故障工作时间（MTBF）不小于6300h。

2) 监测系统自动采集数据的缺失率不应大于3%。

（5）系统比测指标的标准为：系统实测数据与同时同条件人工比测数据偏差 σ 保持基本稳定，无趋势性漂移。与人工比测数据对比结果 $\delta \leqslant 2\sigma$。

10.4.4 系统验收

（1）安装调试完成后进行预验收，正式验收在系统试运行期满时进行。试运行期为一年。

（2）设备安装调试单位、设计、施工、监理、运行单位在验收前应提交相关技术报告。

（3）验收小组应提出监测自动化系统验收意见。

10.5 运行和维护

（1）自动化系统的监测频率应为：试运行期1次/d，常规监测不少于1次/周，非常时期可加密测次。

（2）所有原始实测数据必须全部入库。

（3）监测数据至少每3个月做一次备份。

（4）每半年对自动化系统的部分或全部测点进行一次人工比测。

（5）运行单位应针对所在工程特点制定监测自动化系统运行管理规程。

（6）每3个月对主要自动化监测设施进行一次巡视检查，汛期前应进行一次全面检查。

（7）每1个月校正一次系统时钟。

（8）系统应配置足够的备品、备件。

10.6 系统通信及供电网络

10.6.1 系统通信网络

自动化系统按照设计或规范要求方式确定本地的通信方式。

一般情况下，现场各监测站与监测站之间采用光纤通信，同一现场监测站内的数据采集单元之间采用RS485总线通信（有线通信），或者采用无线宽带通信。

本地网到远程的通信方式有多种可选，通常分为如下类型：

（1）有线通信。分为RS485总线通信、光纤通信、LAN通信、电话线通信。

1) RS485总线通信，适用于点对点通信距离不超1200m的环境，对于超出通信范围的可以采取增加中继模块的方式来进行扩展。

2) 光纤通信：光纤通信最远通信距离可达30km。同时，由于光纤本身具有良好防雷特性、不受电磁干扰的影响、通信速率高、传输可靠等优点，在条件允许的条件下应优先选用。

3）LAN 通信，即以太网或局域网通信，适用于现场布局有以太网的环境，这种基于现场以太网为基础的通信方式，具有无需另行架设通信线缆的特点，并且具有传输速度快、通信稳定可靠的特点，此外，通过选择不同的传输介质，或通过广域网连接 Internet，其传输距离几乎没有限制。

4）电话（MODEM）线通信：电话线通信基于电话网络，通信具有通信距离不受限制的特点。

（2）无线通信。分为甚高频无线电台（数传电台）通信、基于公众移动通信网络的无线远程通信、WLAN 通信、混合组网通信。

1）甚高频无线电台（数传电台）通信。适用于点对点，点对多点通信。甚高频无线电台适用于某些无法架设光缆通信，且不具备其他无线通信的环境。根据功率大小及传输环境，最远可传输 30km。甚高频无线通信较公众移动通信网具有相应速度快，无运行费用，布网简单等特点。缺点是传输距离有限，超远距离需要设置中继站。同时，甚高频通信需要做好防雷措施。

2）GPRS/CDMA/3G/4G 等基于公众移动通信网络的无线远程通信。这类通信方式均建立在 Internet 等广域网基础上进行。因此，不受通信距离的限制。GPRS 通信速率与稳定性相对较差，CDMA 通信速率适中，信号稳定，保密性好；3G/4G 通信速率高，稳定性好。这其中选用哪一种通信方式，应取决于当地移动通信网覆盖情况及数据传输量的大小。

3）WLAN 通信。WLAN 包含基于 WIFI 或无线网桥（或称无线专网），WIFI 适用于近距离通信，适合水电站在施工期临时组网监测，也适合永久组网通信。

4）混合组网通信。基于有线或无线等方式混合组网通信。需根据现场的通信环境、供电环境、地理环境、经济性及可维护性等多种因素来合理选取通信方式组成一个混合通信网络。

10.6.2　系统供电网络

监测自动化系统采用集中供电的方式。根据现场网络的组成方式，按多个子网分别集中供电，并通过隔离变压器与厂房等系统电源隔离。

在集中供电点设主电源箱，箱内安装漏电保护开关、电源防雷模块、隔离变压器、电源输出插座等多重保护设备，有效保护人员及设备的安全运行。同时，在现场每个监测站（包含监控中心站）设测站配电箱（兼用作通信转换接口的安装及连接），箱内设防雷模块、供电插座、通信模块等部件，在提供测站供电的同时，还兼做通信的转换。

10.7　系统光缆、电缆连接及保护管施工

系统设备所用的材料全部按照相关要求提供的合格产品，购买后入库存放。

10.7.1　光缆、电缆安装敷设及其保护

安装敷设时光缆及电源电缆两端均预留足约 5m 的富裕长度；光缆及电缆的两端均设置有明显的标识，以表明其去向。根据其布置位置的不同，敷设方式主要有 PVC 管保护、

钢管保护、直埋。

（1）PVC管保护。适用于预留电缆沟、电缆桥架以及墙壁或洞壁上的光缆与电缆敷设。

（2）钢管保护。适用于需要埋设回填或需要穿越道路、暴露在露天环境下以及需要防雷的通信、电源电缆等保护，保护钢管宜采用热镀锌钢管及焊接连接并有接地措施。

（3）直埋。通常直接埋设于设置的电缆沟槽中，电缆或光缆周围填砂处理。

10.7.2 光缆及电缆连接

（1）光缆熔接。两个测站或节点通信光缆宜为连续完整的一段，中间无任何接头及未使用任何接续部件，如有接头，应按照光缆通信要求进行熔接加长，每个熔接点的损耗应不大于0.2dB。光缆熔接主要是光纤盒连接，光缆终端选用标准的8口光纤终端盒或使用光缆接续盒。光纤终端盒接口全部采用光接口连接器连接，光缆接续盒直接熔接尾缆。光缆终端盒（也适用于光缆接续盒）连接的步骤为：①将进入测站的光缆终端护套剥开，并且纤芯外露长度不小于1m；②使用专用工具剥开光纤表明的涂敷层，使用无水酒精棉球对其进行清洁后并进行端面切割，用光纤热缩接头及专用的光纤熔接机与带FC接头的尾纤熔接在一起，所有接头的熔接估测损耗低于不应高于0.02dB，超过限制则重新熔接；③尾缆熔接完毕后，将尾纤部分盘绕在终端盒内（见图10-2），并将熔接的FC接头擦拭干净后拧紧在终端盒上法兰座的内侧，根据纤芯的颜色及顺序编号并记录，盖好保护外壳及端口保护帽；④对光缆接口进行编号并设置标识；⑤在施工过程中将所有光缆终端光纤全部进行熔接，包含备用的2芯；⑥所有光缆熔接完毕后，使用OTDR光纤时域分析仪对各光纤进行测试损耗测试，以保证光纤信号的传输质量，熔接损耗全部控制在小于0.2dB，超过限值重新熔接；⑦每根光缆的终端熔接及测试须记录完整，并提供光纤接续记录表。

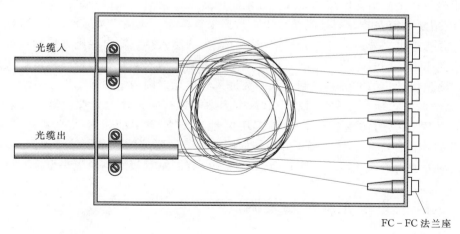

图10-2　光纤终端盒连接示意图

（2）电缆连接。通信电缆及传感器电缆在安装过程中如遇到长度不足时均按照要求则需要加长，其加长的具体要求为：①现场所加长的电源电缆及渗压计电缆等均经万用表检查，不使用有短路或短路现象的电缆；②电缆加长时全部采用焊接方式连接；③接头护套全部采用带胶的热缩管连接，以达到防水防潮的目的；④芯线连接后要进行密封处理（见图 10 - 3）。

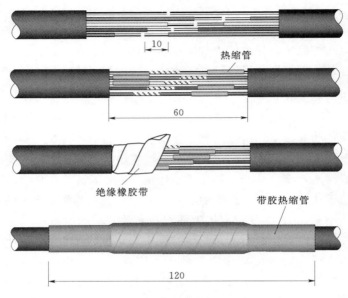

图 10 - 3　电缆连接加长示意图（单位：mm）

（3）配电箱（或配电盘）的安装及系统防雷接地。由于各测站所处的环境不同，每个测站设配电箱或配电盘，对于相对隐藏的测站均配置配电箱，暴露在外测站则安装在测站保护箱箱内。具体安装要求包括下列内容：

1）电源安装。为确保连接可靠，现场数据采集单元的电源应取自空气开关的输出端而尽可能避免采用插头插座接驳方式。配电箱内必须设置漏电保护开关。

2）测站配电箱安装。测站配线箱用于数据采集单元、光端机及通信转换接口的供电。测站的电源有进出之分，电源进入后接于空气开关的输入端，输出端则连接到雷击保护模块及多用插座上。同时，位于中间节点的测站配电箱在输入端并联两根导线以连接到下一个测站，测站保护箱的开关只控制本测站数据采集单元以内的电源。

3）系统防雷接地。在安装过程中对每个测站需进行防雷接地处理，每个配电箱或配电盘上均设置相应的防雷模块，防雷模块的地线与各测站的机箱外壳集中连接后用 25mm² 导线，使用专用的接线端子并用螺栓固定到测站附近的（水电站接地网）扁铁上，并使用黄油等油脂覆盖连接点，防止锈蚀。现场所有测站且接地电阻应小于 5Ω。

10.8　数据采集单元及其安装调试

现场监测站保护箱、支架及附属设备安装完毕后即进行数据采集单元的安装调试。

10.8.1　数据采集单元的室内调试及检测

（1）数据采集单元的编号与地址编码方式。具体内容为：①设备安装前，预先对自动化系统所涉及数据采集单元的功能、用途进行规划，首先确认系统各测站的仪器数量、类型来确定所需数据采集单元的通道数量，并按照测站对数据采集单元进行编号及分配数据采集单元的物理地址；②对于数据采集单元的编号应制定规则便于检索，再根据现场仪器及各测站的分布，首先确认各测站接入仪器的类型、数量，根据统计的数量对数据采集单元数量及通道进行规划、配置、编号，并将相关信息进行记录备考，形成数据采集单元安装相关的基本信息考证表，便于仪器接入时的调试。

（2）监测数据采集单元的现场检测。具体内容如下：

1）根据事先编制的监测数据采集单元基本信息，使用专用的地址设置软件在室内对测数据采集单元进行地址进行设置。同时，给监测数据采集单元编号并在机箱上做好永久型标识，测数据采集单元上的编号标识全部采用专用的标签。同时，记录相应监测数据采集单元的厂家编号备考。

2）对监测数据采集单元的地址设置、编号完成后，将待安装的监测数据采集单元在室内进行组网通信检测。检测的目的是检验监测数据采集单元在运输过程中有无损坏，读数是否正常。读数检测的内容是为使用电桥率定器、信号发生器、标准电阻及标准信号过程校验仪等设备提供模拟信号对设备进行读数准确性进行检验。同时，也通过组网方式完成设备的通信检验。

3）所有监测的数据应形成记录备考。

10.8.2　数据采集单元的现场安装

根据设计图纸、现场电缆终端位置及现场监理、监护人的要求来确定数据采集单元的安装位置、安装方式及形成记录。此外，监测数据采集单元的安装位置及安装高度要满足便于运行人员的操作维护。

（1）仪器电缆终端与监测数据采集单元连接及测试。主要工作对象为现场监测站、电缆连接和数据采集单元等。

1）现场监测站仪器电缆终端接入原则。主要内容包括：①将所有的仪器电缆接入监测数据采集单元，若稳定性合格则继续用机测方式，否则退出测量端子；②所有仪器电缆接入完毕后形成监测数据采集单元的现场安装考证表，表中应显示通道号、仪器设计编号、仪器类型等相关信息，安装完毕后将考证表粘贴在监测数据采集单元机箱门内侧，便于检索与查找；③所有监测数据采集单元的仪器安装信息考证还需要随安装调试报告另行提供备案文件。

2）电缆终端连接执行的基本控制工艺。其流程为：①对电缆的接入顺序进行规划，在安装中尽可能地将电缆按照设计编号顺序接入测量通道；②使用专用的标签纸在电缆进入监测数据采集单元电缆入孔前将每根仪器电缆上粘贴与设计编号完全相同的永久性标识并记录到安装考证表上；③箱体内外的电缆走线整齐，力求横平竖直、圆弧弯曲，不交叉不斜拉；④为保证仪器电缆终端可靠连接，每根仪器电缆的芯线接入时在末端用剥线钳剥开，然后使用专用冷压端子压接后顺序接入接线端子，并将各接线端子上的螺丝拧紧；⑤将箱体上电缆入口处的电缆卡套拧紧，防止潮气的进入；⑥使用专用的橡皮塞堵塞富余部分的电缆入孔；⑦按照通道顺序记录对应端子上的仪器的设计编号，并仔细核对是否正确；⑧每个测站电缆安装完成后，根据记录的各通道接入的仪器类型对监测量软件进行配置。同时，将配置下载到相关的监测数据采集单元中，并检查各通道是否能采集读数。

3）不同类型仪器电缆芯线与监测数据采集单元通道端口的连接。数据采集仪各接入通道所接入的仪器类型尽可能按照仪器类型、设计编号顺序接入对应通道并形成记录，形成的记录包含下列内容：①各通道接线端子的顺序说明；②仪器终端电缆的芯线定义。根据接入的仪器类型、芯线数量（线制）以及特殊仪器的芯线接法等内容进行定义；③按类型分别提供接入的通道接线图；④不同类型的传感器接入方法。

（2）人工比测。测量单元安装完毕并能正常采集数据后，使用人工读数设备对各通道仪器进行一次读数并记录，然后使用测量单元对所接入的仪器连续测量 15 次，并将 15 次读数保存。相关人机比测数据及结果将随仪器检测报告另行提供。所有测量单元安装完毕后，将设备型号、测量单元的厂家编号、接入通道的仪器编号、仪器类型、人工与自动化测值等信息记录备案。

（3）通信连接调试。根据系统实际布置的通信网络，提供系统通信网络图。

1）现场通信连接及调试。根据现场安装情况，提供通信模块的类型、通信端口、供电电压以及接线图。并针对模块的各端口的连接方式、注意事项做简要说明。如使用光通信模块，对光纤通信的调试均采取先测试站与站之间的通信测试，步骤为：①确认相邻两个测站之间光缆已经连接正常，光端机已经安装就位，且光端机及测量单元的电源已经接通；②同一测站有两台以上的测控单元，将测控单元的 RS485 通信线并联后与光端机上的 RS485 总线接口连接；③将该测站第一个单元的通信线通过带插头的电缆连接到光端机 RS485 通信端子上，连接时注意信号线端子的定义与极性，避免反接；④用酒挤干的精棉球清洁光纤跳线的插头端面后，将跳线连接光端机与终端盒上对应的光信号接口；⑤用安装有通信测量软件的笔记本 USB 端口连接一根 USB 转 RS485 通信线，将测控单元上附带的 RS485 总线端子与笔记本上的 RS485 总线连接，另外端连接有富余通信端口的测量单元；⑥接通测量单元与光端机电源；⑦运行通信测量软件，根据测控单元此前安装的地址配置，分别呼叫本地端及远端（相邻或更远端）的测控单元，若呼叫成功则说明本地有线通信及远端光缆通信正常；若呼叫失败则应检查光缆跳线是否插错位置或是否对齐并拧紧；⑧运行实时数据采集，各单元应能正常响应并测量；⑨将采集计算机移动到另一个测站，逐步由少至多，由近至远，重复步骤⑥，其运行状态应一致。使用软件查看已联网的各测控单元系统状态，应显示各单元正常；⑩有更多的测站联网后，逐步依次进行测试，各测站的通信应正常，否则应检查相关的通信设备及光缆连接是否正常。

2）监控中心站设备及系统安装调试。根据系统网络配置，在建立好监控中心站后，提供监控中心站设数据采集计算机、数据服务器 UPS 电源及相关的输入输出设备组网情况的描述及设备清单。监控中心站设备连接见图 10-4。

3）监控中心站数据通信连接：①数据采集通信的连接，应根据实际组网说明监控中心通信网络的连接方式，主要包括：数据采集计算机与数据服务器间的数据通信；通信接口连接方式简述；数据采集、数据处理及数据备份等流程的简述；②计算机外设的连接。

10.8.3　软件安装与调试

软件安装调试主要包括软件工作平台、使用的语言、数据库类型等。

（1）软件主要功能。主要为管理功能、系统功能、用户管理等。

1）管理功能。主要有系统管理、工程管理、工程配置及数据浏览、图表管理及输出

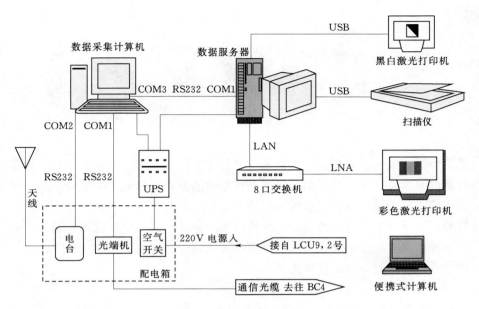

图 10-4　监控中心站设备连接示意图

功能。

2) 系统管理。系统管理主要包括用户管理、工程管理、工程加载、工作日志和语言选择等功能。

3) 用户管理。支持多用户管理，不同级别的管理人员拥有不同的操作管理权限；其中系统操作员拥有用户级的最高操作管理权限。

（2）软件安装调试。

11 巡 视 检 查

对建筑物进行人工巡视检查工作是进行工程监测的一项重要内容。历史经验表明，很多工程失事前有异常征兆出现，如裂缝产生、新增渗漏点、混凝土冲刷和冻融、坝基析出物、局部变形等。巡视检查可以在很大程度上弥补仪器监测的局限性。即便布置了齐全的监测仪器和自动化监测系统的建筑物，但建筑物某些部位的缺陷在仪器监测上常常反映不出来，且很难做到监测仪器埋设部位恰恰就有可能是建筑物出事部位。因此，只有仪器监测是不够的，必须同时开展巡视检查。

11.1 检查方式

分为定期检查和不定期检查。巡视人员按预先制定的巡视检查程序对混凝土工程做例行检查。具体检查次数可分别按下列要求进行：

（1）日常巡视检查。在施工期，宜每周2次；水库第1次蓄水或高水位期间，宜每天1次或每2天1次（依库水位上升速率而定）；正常运行期，可逐步减少次数，但每月不宜少于1次；汛期应增加巡视检查次数；水库水位达到设计洪水位前后，每天至少应巡视检查1次。日常巡视检查不仅对已安装的监测设备的完好性、准确性检查，而且重点放在检查结构物是否出现新的裂缝、渗水（水量和水压）等物理现象。

（2）年度巡视检查。在每年汛前、汛后或枯水期（冰冻严重地区的冰冻期）及高水位低气温时，对建筑物进行较为全面的巡视检查。年度巡视检查除按规定程序对建筑物各种设施进行外观检查外，还应审阅建筑物运行、维护记录和监测数据等资料档案，每年不少于2次。

（3）特殊情况下的巡视检查。当发生有感地震、建筑物遭受大洪水或水库水位骤降、骤升，以及发生其他影响建筑物安全运用的特殊情况时，应及时进行巡视检查。

11.2 检查部位及内容

从施工期到运行期，各种水工建筑物应进行巡视检查。为了保证巡视检查有效，经验表明，巡视检查应根据建筑物的具体情况和特点，制定详细的检查程序，做好事前准备。检查程序主要包括：检查人员、检查内容、检查方法、携带工具和检查路线等，详尽且便于操作。并且，巡视检查前，需要做好必要的准备工作，特别是年度巡查和特殊情况的巡查。以水利水电混凝土工程为例，分部位介绍巡视检查的主要内容。

11.2.1 坝体主要检查内容

(1) 相邻坝段之间的错动。

(2) 伸缩缝开合情况和止水的工作状况。

(3) 上下游坝面、宽缝内及廊道壁上有无裂缝,裂缝中漏水情况。

(4) 混凝土有无破损。

(5) 混凝土有无溶蚀、水流侵蚀或冻融现象。

(6) 坝体排水孔的工作状态,渗漏水的漏水量和水质有无显著变化。

(7) 坝顶防浪墙有无开裂、损坏情况。

11.2.2 坝基和坝肩主要检查内容

(1) 基础岩体有无挤压、错动、松动和鼓出。

(2) 坝体与基岩(或岸坡)结合处有无错动、开裂、脱离及渗水等情况。

(3) 两岸坝肩区有无裂缝、滑坡、溶蚀及绕渗等情况。

(4) 基础排水及渗流监测设施的工作状况、渗漏水的漏水量及浑浊度有无变化。

11.2.3 引水和泄水建筑物主要检查内容

(1) 进水口和引水渠道有无堵淤、裂缝及损伤,控制建筑物及进水口拦污设施状况、水流流态、上游拦污设施的情况。

(2) 溢洪道(泄水洞)的闸墩、边墙、胸墙、溢流面(洞身)和工作桥等处有无裂缝和损伤。

(3) 消能设施有无磨损冲蚀和淤积情况。

(4) 下游河床及岸坡的冲刷和淤积情况。

(5) 水流流态。

11.2.4 闸门及金属结构检查内容

(1) 闸门(包括:门槽、门支座、止水及平压阀和通气孔等)工作情况。

(2) 启闭设施启闭工作情况。

(3) 金属结构防腐及锈蚀情况。

(4) 电器控制设备、正常动力和备用电源工作情况。

11.2.5 近岸边坡主要检查内容

(1) 边坡地表及块石护坡有无裂缝、滑坡、溶蚀及绕渗等情况。

(2) 边坡地表或内部(排水洞等)有无新裂缝、块石翻起、松动、塌陷、垫层流失和架空等现象发生,有无滑移崩塌征兆或其他异常。

(3) 边坡原有裂缝有无扩大、延伸,断层有无错动发生。

(4) 地表有无隆起或下陷,边坡后缘有无裂缝,前缘有无剪口出现,局部楔形体有无滑动现象。

(5) 排水沟、排水洞、排水孔和截水沟是否通畅,有无裂缝或损坏,排水情况是否正常。

(6) 有无新的地下水露头,原有的渗水量和水质有无变化。

（7）支护结构、喷层表面和锚索墩头混凝土是否开裂及裂缝的开展情况。

11.2.6 其他建筑物

过坝建筑物、地下厂房等其他建筑物的巡视检查，可参照以上条款进行。

11.2.7 监测设施的巡视检查

一些监测设施由于长期处于高（低）温、潮湿环境下，易受损坏。因此，在巡视检查中，应加强对设备的完整性、运行状态进行检查，主要检查设施包括下列内容：

（1）边角网及视准线各监测墩。

（2）引张线的线体、测点装置及加力端。

（3）垂线的线体、浮体及浮液。

（4）激光准直的管道、测点箱及波带板。

（5）水准点。

（6）测压管、量水堰等表露的监测设施。

（7）各测点的保护装置、防潮防水装置及接地防雷装置。

（8）埋设仪器电缆、监测自动化系统网络电缆及电源。

（9）其他监测设施。

11.3 巡视检查实施

11.3.1 准备工作

巡视检查主要由熟悉本工程情况的人员参加，并相对固定，每次检查前，均须对照检查程序要求，做好下列准备工作：

（1）做好水库调度和电力安排，为检查引水、泄水建筑物提供动力和照明等检查条件。

（2）排干检查部位积水或清除堆积物。

（3）水下检查及专门检测设备、器具的准备和安排。

（4）安装或搭设临时设施，便于检查人员接近检查部位。

（5）准备交通工具和专门车辆、船只。

（6）采取安全防护措施，确保检查工作及设备、人身安全。

11.3.2 检查方法

检查的方法主要依靠目视、耳听、手摸、鼻嗅等直观方法，可辅以锤、钎、量尺、放大镜、望远镜、照相机、摄像机、砂浆条带、插筋等工器具进行；如有必要，可采用坑（槽）探挖、钻孔取样或孔内电视、注水或抽水试验、化学试剂、水下检查或水下电视摄像、超声波探测及锈蚀检测、材质化验或强度检测等特殊方法进行检查。

11.4 检查结果异常判定

在现场检查或观察中，如发现下列情况之一，可认为建筑物结构不安全或存在隐患，并应进一步监测分析：

（1）坝体表面或孔洞、泄水管道等削弱部位以及闸墩等个别部位出现对结构安全有危害的裂缝。

（2）坝体混凝土出现严重腐蚀现象。

（3）在坝体表面或坝体内出现混凝土受压破碎现象。

（4）坝体沿坝基面发生明显的位移或坝身明显倾斜。

（5）坝基下游出现隆起现象或两岸支撑山体发生明显位移。

（6）坝基或拱坝拱座、支墩坝的支墩发生明显变形或位移。

（7）坝基或拱坝拱座中的断层两侧出现明显相对位移。

（8）坝基或两岸支撑山体突然出现大量渗水或涌水现象。

（9）溢流坝泄流时，坝体发生共振。

（10）廊道内明显漏水或射水。

（11）坝体两岸边坡发生明显变形或位移。

11.5 检查报告编制

每次巡视检查均应按各类检查规定的程序做好现场记录，必要时应附有略图、素描或照片。

现场记录及图表必须及时整理，并将本次检查结果与上次或历次检查结果对比，分析有无异常迹象。在整理分析过程中，如有疑问或发现异常迹象，应立即对该检查项目进行复查，以保证记录准确无误。重点缺陷部位和重要设备，应设置专项标识卡片。

巡视检查应及时编制报告。年度巡视检查在现场工作结束后 20d 内提出详细报告。特殊情况下的巡视检查，在现场工作结束后，还应立即提交一份简报。

巡视检查中发现异常情况时，应立即编写专项的检查报告，及时报告相关单位。对已发现的裂缝、剥蚀、漏水等问题需进行调查、检测，并分析其对大坝稳定性、耐久性以及整体安全的影响。

各种记录和报告应至少保留一份副本，存档备查。

12 监测质量控制

监测质量控制主要是从仪器检验质量控制、仪器安装质量控制、数据采集质量控制和数据处理质量控制进行全面的质量管理。

12.1 仪器检验质量控制

仪器检验质量控制要点包括下列内容：

（1）仪器安装前必须进行检验测试，要求其性能满足规范要求。

（2）仪器检验单位要求具备大坝安全监测仪器检验资质。

（3）仪器经检验测试合格的有效期为一年，超过有效期限未实施安装埋设的仪器要进行重新检验测试。

（4）检验不合格的仪器联系厂家进行更换。

12.2 仪器安装质量控制

仪器安装质量控制要点包括下列内容：

（1）仪器安装前参考工程特点、设计技术要求和厂家仪器手册，编制仪器安装措施并报批。

（2）根据批复的措施进行仪器安装。将仪器设备安装埋设计划列入相应建筑物土建施工的进度计划中，预埋的仪器设备必须提前布置安装，防止仪器错埋和漏埋。

（3）仪器安装埋设采用初检、复检、终检三级质量检查制度，确保仪器安装准确可靠。

（4）仪器安装后，除在仪器部位挂醒目警示标志外，还派专人对仪器及附属设施进行巡视检查，防止意外破坏和盗窃。仪器安装后的混凝土浇筑作业，安排专人看守仪器埋设过程，防止振捣器振捣混凝土时损坏仪器。若有仪器损坏，应及时更换。

（5）仪器安装埋设后及时牵引电缆，并绘制仪器埋设图及电缆走线图，及时上报。

（6）高度重视后期施工可能对已埋电缆的损坏，特别是隧洞工程、大坝后期缺陷修补等需钻孔作业，应书面将电缆走线图报送相关单位，并提醒相关单位注意。在有已埋电缆的钻孔位置，必须得到监理、仪器单位、业主、钻孔单位四方会签，方可下钻。有条件时，应将电缆走线位置在现场给予明确的标识。

（7）在建筑物变形较大部位的电缆应考虑S形布线方式，在电缆转弯的部位多预留电缆，防止变形拉裂电缆；电缆跨缝时应预留足够长度的电缆并用波纹管保护。

（8）高度重视电缆的连接质量检查。如考虑厂家一次性将所需电缆直接连接到传感器上；电缆的接头尽量安排在室内连接；定期抽检电缆接头做耐水压试验，更换电缆连接材料时，必须做电缆接头耐水压试验，防止电缆连接质量问题导致电缆接头进水，影响观测值的准确性。应有一定的措施和预案防止电缆被盗后，仪器无法辨识，导致采集的数据无法准确分辨。

（9）仪器设备安装埋设点的允许误差见表 12-1，未在表 12-1 中的其他仪器和设备的安装埋设点允许误差按照设计技术要求执行。

表 12-1 仪器设备安装埋设点的允许误差表

序 号	仪器名称	测量位置	允许误差/mm	
			水 平	垂 直
1	强制对中底盘	底盘中心点	±2	±5
2	水准标志	标心中心点	±4	±5
3	多点位移计	传感器中心点	±100	±100
4	测缝计	传感器中心点	±30	±10
5	裂缝计	传感器中心点	±30	±10
6	锚杆应力计	传感器中心点	±50	±50
7	钢筋计	传感器中心点	±50	±50
8	锚索测力计	传感器中心点	±50	±50
9	双向应变计	传感器中心点	±20	±20
10	无应力计	传感器中心点	±20	±20
11	渗压计	传感器中心点	±50	±50

12.3 数据采集质量控制

数据采集质量控制要点包括下列内容：

（1）制定数据采集管理制度，确保数据采集的准确性、可靠性和连续性。在数据采集前对二次仪表进行检查。

（2）在数据采集前，准备好对应的记录表格，固定量测人员。巡视四周，在确保人员安全的状态下进行数据采集。

（3）数据采集时进行仪器电缆编号确认。读数时，至少安排两人进行观测，一人观测并读数；另一人唱读并记录，如遇有突变应反复对比观测，确认无误后，方可作为原始记录。测量完毕后由二次仪表上卸下电缆，再次对编号进行确认，保护好电缆接头，按序放置。

（4）原始数据不得随意涂改，如确需更改，则须由更改者留下更改标记并签字。

（5）定期展开对仪器和电缆的检查，修正因温度、腐蚀、振动、基点变形引起的测值误差。本次读数与前次测值相比有较大差异时，须进行复测。差阻式仪器正反测电阻比之和远大于或小于 20000（0.01%）时，则判断测值可能出错。

（6）数据采集过程中，同时，收集施工信息，如施工爆破、开挖、机械运行、坍塌、火灾或混凝土浇筑作业等诸多因素，收集的信息必须真实可靠，对异常或突变的数据信息必须进行验证，确保与监测实际工况符合。

12.4 数据处理质量控制

数据处理质量控制要点如下：

（1）基准值直接影响后续监测资料结果分析的判断，必须慎重选取。

（2）对于需要采用厂家的计算参数时，对厂家参数卡片进行复印（或扫描）保存，卡片上标明已使用的设计编号，防止卡片参数使用错误和遗失。

（3）数据处理由专人负责，资料及时录入数据库中，并进行误差处理、数据计算及曲线绘制等。

13 监测资料的整编和分析

监测资料整编应及时进行。整编工作的主要内容包括：监测数据的整编、监测成果分析方法及监测报告的编写等。

13.1 监测数据的整编

由于仪器设备、人员读数等多种原因都可能导致原始监测资料出现误差，资料分析时应先对其进行合理的整编处理，才能保证分析结论的可靠性。

监测相关资料的搜集包括原始监测数据、人工巡视检查记录和其他相关资料等。具体包括下列内容：①监测数据记录、监测环境说明，与监测同步的气象、水文等环境资料。②监测仪器设备及安装考证资料。监测设备考证表、监测系统设计、施工详图、加工图、设计说明书、仪器规格和数量、仪器安装埋设记录、仪器检验和电缆连接记录、竣工图、仪器说明书及出厂证明书、监测设备的损坏和改装情况、仪器检验资料等。③监测仪器附近的施工资料。混凝土大坝和坝基埋设仪器应有附近混凝土的入仓温度、浇筑方法与过程、混凝土材料性能（如弹性模量、抗压强度等）、接缝灌浆资料、温度和应力计算所必需的其他资料等。④现场巡视资料。⑤监测工程有关的设计资料。如设计图纸、参数、计算书、计算成果、施工组织设计、地质勘测及详细资料报告和技术文件等。⑥有关的工程类比资料、规程规范及有关文件等。

13.1.1 监测资料的整理

（1）原始监测资料的检验和处理。每次监测数据采集后，随即检查、检验原始记录的可靠性、正确性和完整性。如有漏测、误读（记）或异常，及时补（复）测、确认或更正。原始监测数据检查和检验的主要内容有：①作业方法是否符合规定；②监测仪器性能是否稳定、正常；③监测记录是否正确、完整、清晰；④各项检验结果是否在限差以内；⑤是否存在粗差；⑥是否存在系统误差。

经检查和检验后，若判定监测数据不在限差以内或含有粗差，应立即重测；若判定监测数据含有较大的系统误差时，应分析原因，并设法减少或消除其影响。

（2）误差的分类。为便于误差处理，按性质的不同将误差分为随机误差、系统误差和粗大误差。

1）随机误差。也称偶然误差，多由暂时未能掌握或者不便于掌握的、微小的、独立的因素所引起。随机误差具有偶然性，但整体服从统计规律。随机误差可控制性差，误差值一般影响不大，不属于工程安全监测分析中关注的重点。

2）系统误差。多由固定不变或者按照确定规律变化的因素造成，如监测仪器误差、监测方法不合理等。系统误差包括：误差恒定的不变系统误差、误差大小和方向呈线性变化的线性变化系统误差以及误差大小和方向呈周期循环变化的周期性变化系统误差。系统误差虽然大于随机误差，但统计上仍处在合理的误差限内。系统误差消除一般从根源入手，要求测量人员、安装人员要仔细分析整个测量过程可能产生系统误差的环节，采取相应的措施进行解决。对差阻式仪器而言，钢丝氧化、电缆芯线电阻偏差、仪器绝缘度降低都是常见可能引起测值出现系统误差的因素。

3）粗大误差。粗大误差是一种明显影响监测结果的误差，一般因监测人员失误，如读数错误、记录错误和输入错误等，或因外界机械冲击或振动导致监测条件以外改变等原因造成。粗大误差数值远大于随机误差和系统误差，属于监测异常值，在监测资料分析中应重点关注。

13.1.2 监测物理量的计算

在进行物理量计算之前，首先应对每支仪器的基准值进行确定；然后再根据换算公式进行计算。

（1）基准值的确定。物理量换算的一个重要前提是首先确定一个可靠的基准值。基准值的确定有三种情况：①以初始值为基准值，如建筑物水平位移等；②取首次监测值为基准值，如扬压力等；③以某次监测值为基准值，如差阻式仪器应变计、钢筋计等。

（2）物理量转换。经检验合格的监测数据，应换算成监测物理量，如位移、渗流量、应力、应变和温度等。以钢弦式和差动电阻式监测仪器为例介绍其换算公式。

1）钢弦式仪器计算公式。近年来钢弦式仪器在我国运用越来越广泛，常用的有温度计、应变计、钢筋计、渗压计、测缝计和无应力计等。钢弦式温度计的计算方法如式（13-1），其他类型的钢弦式仪器一般可按式（13-2）计算：

$$T = G(f^2 - f_0^2) \qquad (13-1)$$

式中　T——温度,℃；

　　　G——仪器最小读数；

　　　f——当前频率读数，Hz；

　　　f_0——基准频率，Hz。

$$Y = K(f^2 - f_0^2) + A \qquad (13-2)$$

式中　Y——物理量；

　　　K——仪器系数；

　　　A——仪器修正值，$\times 10^{-6}$；

　　　f_0——基准频率值，Hz；

　　　f——频率值，Hz。

对混凝土应变计，按式（13-3）计算出的应变实质上是总应变，包含了混凝土受外力作用产生的应变，温度变形和自身体积变形。因此，通常用实测值减去无应力计实测值，再按式（13-4）折算应力值。

$$\varepsilon_m = [G(f^2 - f_0^2) + K(T - T_0)] - \varepsilon_g \qquad (13-3)$$

式中　ε_m——总应变；

　　　ε_g——无应力计应变；

　　　G——仪器最小读数；

　　　K——温度修正系数；

　　　其余符号意义同前。

$$\delta = \varepsilon_m E \kappa \qquad (13-4)$$

式中　ε_m——应力，MPa；

　　　E——混凝土弹性模量，MPa；

　　　κ——松弛系数。

2）差动电阻式仪器计算公式。差动电阻式仪器在我国运用最为广泛，常用的有温度计、应变计、钢筋计、渗压计、测缝计、无应力计等，可同时监测物理量和温度。差阻式温度计的计算方法按式（13-5），其他差阻式仪器一般可按式（13-6）计算：

$$T = \alpha(R_t - R_0) \qquad (13-5)$$

式中　T——温度，℃；

　　　α——电阻温度系数，℃/Ω；

　　　R_t——当前电阻读数，Ω；

　　　R_0——0℃时电阻，Ω。

$$Y = f(Z - Z_0) + b(T - T_0) \qquad (13-6)$$

式中　Y——仪器监测的物理量，包括应变、钢筋应力、渗透压力等；

　　　f——最小读数，MPa/0.01%；

　　　Z——当前电阻比读数，0.01%；

　　　Z_0——基准电阻比，0.01%；

　　　b——温度修正系数，MPa/℃；

　　　T——当前温度，℃，可按式（13-5）计算；

　　　T_0——基准温度，℃。

3）常见其他仪器。

①多点位移计。其计算分为相对位移量计算和绝对位移量计算。

相对位移量为锚固点相对孔口的变化量值，按式（13-7）计算：

$$L_i = G(R_i - R_0) + K(T_i - T_0) \qquad (13-7)$$

式中　L_i——i 监测时间点的位移量，mm；

　　　R_i——测读模数，Hz^2；

R_0——模数基准值，Hz^2；

　K——温度修正系数，$mm/℃$；

　T_i——测点温度，$℃$；

　T_0——测点基准温度，$℃$。

　　绝对位移量为锚固点相对于不动点（一般为最深锚固点）的位移值。以 4 点式位移计为例，由孔口到孔底的锚固点编号依次为 1 号、2 号、3 号、4 号，则各点的绝对位移量分别为孔口位移＝L_4；1 号锚点位移＝L_4-L_1；2 号锚点位移＝L_4-L_2；3 号锚点位移＝L_4-L_3。

　　②锚杆应力、锚固力，按式（13-8）计算：

$$F_i=G(R_i-R_0)+K(T_i-T_0) \tag{13-8}$$

式中　F_i——监测时间点的位移量，mm；

　G——灵敏度系数，mm/Hz^2；

　R_i——测读模数，Hz^2；

　R_0——模数基准值，Hz^2；

　K——温度修正系数，$mm/℃$；

　T_i——测点温度，$℃$；

　T_0——测点基准温度，$℃$。

　　③收敛观测。不考虑温度补偿按式（13-9）计算：

$$L=L_0-L_i \tag{13-9}$$

式中　L——位移量，mm；

　L_i——i 监测时间点测线长度，mm；

　L_0——初始测线长度，mm。

　　考虑温度补偿按式（13-10）计算：

$$L'_i=L_i+KL_0(T_i-T_0) \tag{13-10}$$

式中　L'_i——修正后的测线长，mm；

　L_i——修正前的测线长，mm；

　K——收敛尺温度线胀系数；

　L_0——基准测线长，mm；

　T_i——本次观测环境温度，$℃$；

　T_0——基准观测环境温度，$℃$。

　　然后按式（13-11）计算出收敛位移为：

$$L=L_0-L'_i \tag{13-11}$$

式中　L_0——初始测线长度，mm；

　L'_i——修正后的测线长，mm。

　　④地下水位观测孔。地下水位观测孔有单管、双管之分，其换算形式相同，按式（13

-12）计算：

液面高程：
$$H_i = H_0 - \Delta h \qquad (13-12)$$

式中　H_i——液面高程，m；

　　　H_0——孔口高程，m；

　　　Δh——孔口到水面的平均距离，m。

⑤应变计组。温度膨胀系数按式（13-13）计算：
$$\varepsilon_0 = \alpha \Delta T + \varepsilon_w + G(\tau) \qquad (13-13)$$

式中　ε_0——无应力计应变；

　　　α——线胀系数；

　　　ΔT——温差，℃；

　　　ε_w——混凝土内湿度引起的应变；

　　　$G(\tau)$——自生体积变形。

温度线胀系数按式（13-14）计算：
$$\alpha = \Delta \varepsilon_0 / \Delta T_0 \qquad (13-14)$$

式中　α——线膨胀系数；

　　　$\Delta \varepsilon_0$——无应力计温度变形量；

　　　ΔT_0——温度变化量，℃。

自生体积变形按式（13-15）计算：
$$G(\tau) = f_0 \Delta Z_0 + (B - \alpha) \Delta T_0 \qquad (13-15)$$

式中　$G(\tau)$——混凝土自生体积变形；

　　　f_0——仪器最小读数；

　　　ΔZ_0——电阻比变化量，0.01%；

　　　B——仪器温度修正系数；

　　　α——线膨胀系数；

　　　ΔT_0——温度变化量，℃。

13.1.3　突变物理量的处理

物理量正确与异常的判断常用方法包括：人工判断法、包络线法、统计分析法和统计回归法等。

（1）人工判断法。人工判断是通过与历史或相邻的监测数据比较，或通过所测数据的物理意义判断数据的合理性。为能够在监测现场完成人工判断的工作，应该把以前的监测数据（至少是部分数据）带到现场，做到监测现场随时校核、计算监测数据。在利用计算机处理时，计算机管理软件应提供对所有监测仪器上次监测数据的一览表，以便在进行监测资料的人工采集时有所参照。

人工判断的另一主要方法是作图法，即通过绘制监测数据过程线或监控模型拟合曲线，以确定哪些是可能粗差点。人工判断后，再引入包络线或"3σ"法判识。

（2）包络线法。将监测物理量 f 分解为各原因量［水压 $f(h)$、温度 $f(T)$、时效 $f(t)$ 等］分效应等之和，用实测或预估方法确定各原因量分效应的极大、极小值，即可得监测物理量 f 的包络线，按式（13-16）和式（13-17）计算：

$$M_{ax}(f) = M_{ax}[f(h)] + M_{ax}[f(T)] + M_{ax}[f(h)] + \cdots \tag{13-16}$$

$$M_{in}(f) = M_{in}[f(h)] + M_{in}[f(T)] + M_{in}[f(h)] + \cdots \tag{13-17}$$

（3）统计分析法。"3σ"法。设进行了 n 次监测，所得到的第 i 次测值为 $U_i(i=1, 2, \cdots, n)$，连续三次监测的测值分别为 U_{i-1}，U_i，$U_{i+1}(i=2, 3, \cdots, n-1)$，第 i 次监测的跳动特征定义为（13-18）：

$$d_i = |2U_I - (U_{i-I} + U_{i+I})| \tag{13-18}$$

跳动特征的算术平均值为式（13-19）：

$$\overline{d} = \left(\sum_{i=2}^{n-1} d_i \right) \Big/ (n-2) \tag{13-19}$$

跳动特征的均方差为式（13-20）：

$$\sigma = \sqrt{\left(\sum_{i=2}^{n-1} (d_i - \overline{d})^2 \right) / (n-3)} \tag{13-20}$$

相对差值为式（13-21）：

$$q_i = |d_i - \overline{d}| / \sigma \tag{13-21}$$

如果 $q_i > 3$ 就可以认为它是异常值，可以舍去。也可以用插值方法得到它的替代值。

（4）统计回归法。把以往的监测数据利用合理的回归方程进行统计回归计算，如果某一个测值离差为 2～3 倍标准差，就认为该测值误差过大，因而可以舍弃，并利用回归计算结果代替这个测值。

13.1.4 监测成果图表的绘制及报表的制作

根据不同的监测项目使用不同的监测仪器所反应的物理量的变化大小和规律，绘出各种图。

（1）物理量随时间变化的过程曲线图。某工程开合度过程曲线见图 13-1。

（2）物理量比较图。成果表也同样有上述各种关系的数据表和关系图一览表等。某工程埋设在同一部位的应变计组各仪器的物理量随时间的过程曲线见图 13-2。

（3）物理量相关关系图，如物理量与空间变化关系图、物理量之间的相关关系图、原因参量和效应参量相关关系图。

（4）物理量分布图。某工程温度沿高程分布见图 13-3。

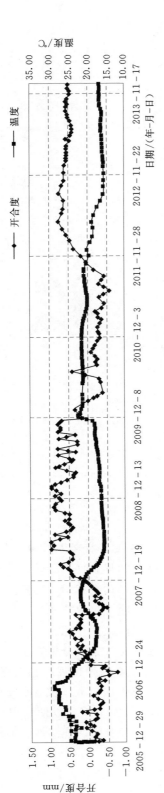

图 13-1 某工程开合度过程曲线图

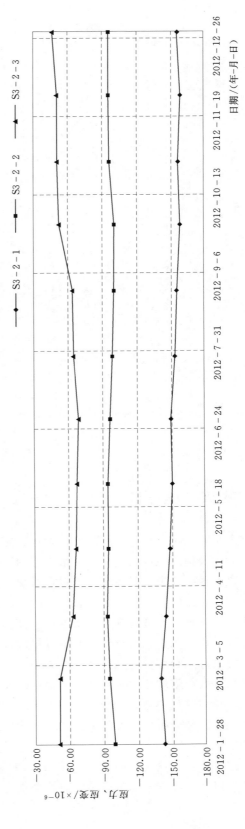

图 13-2 某工程应变计组过程曲线图

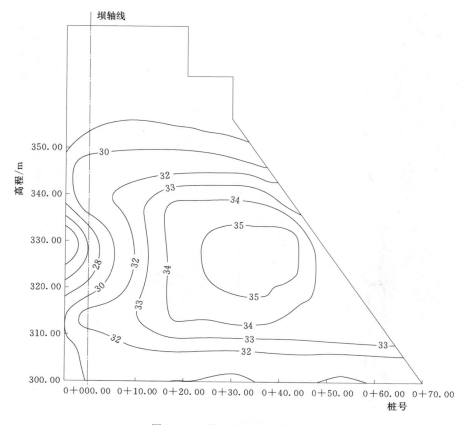

图 13-3　某工程温度场分布图

13.2　监测成果分析方法

在水电工程大坝、洞室及高边坡等设计、施工中，由于混凝土及岩体材料的非线性、效应的滞后性及地质条件的复杂性，水工结构所承受的作用、边界条件、计算参数和计算方法等均难以精确确定。利用监测资料，科学分析大坝与地基的运行状态，对其安全状态作出合理评价，及时发现问题并采取相应的补救措施，对防止重大事故的发生、保证大坝等建筑物运行安全，充分发挥其经济效益和社会效益具有举足轻重的作用。

在上述工作基础上，对整编的监测资料进行分析，采用定性的常规分析方法、定量的数值计算方法和各种数学物理模型分析方法，分析各监测物理量的变化规律和发展趋势，各种原因量和效应量的相关关系和相关程度。根据分析成果对工程的工作状态及安全性作出评价，并预测变化趋势，提出处理意见和建议。发现异常及时上报，以便采取处理措施。在整编资料和分析成果交印前，技术主管应对整编资料的完整性、连续性、准确性进行全面的审查。

（1）完整性：整编资料的内容、项目、测次等应齐全，各类图表的内容、规格、符号、单位，以及标注方式和编排顺序应符合规定要求等。

（2）连续性：各项监测资料整编的时间与前次整编应能衔接，监测部位、测点及坐标系统等与历次整编应一致。

（3）准确性：各监测物理量的计（换）算和统计应正确，有关图件应准确、清晰。整编说明应全面，分析结论、处理意见和建议应符合实际。

13.2.1 常规分析

监测资料常规分析主要包括特征值分析、变化率分析、分布特性分析、相关分析和比较分析五大部分，侧重判断监测量变化的合理性，找寻主要影响因素。

（1）特征值分析。主要包括各测点测值的极值、均值、方差等统计，多用于判断序列监测物理量变化的合理性。某工程某月裂缝计开合度特征值统计见表13-1。

表13-1　　　　　　　　　　　某工程某月裂缝计开合度特征值统计表

设计编号	安装部位	安装日期 /（年-月-日）	锁定值 /kN	锚固力		当前量 /kN	累计锚固力 损失率 /%
				最大变化值 /kN	对应日期 /（年-月-日）		
PR1d-2	0+465左拱角	2006-8-19	1388.3	1478.0	2007-9-2	1214.35	-12.53

（2）变化率分析。根据工程运行时间长短确定计算的时间间隔，施工期监测资料分析常采用月变化率，运行初期则可能采用月变化率、年变化率等，而运行期则常采用年变化率或多年变化率。监测量变化率按式（13-22）计算：

$$f = \frac{D_i - D_0}{d_{i-0}} \tag{13-22}$$

式中　f——变化率；

　　　D_i——变化率计算末监测值；

　　　D_0——变化率计算初监测值；

　　　d_{i-0}——D_i与D_0之间的单位时间间隔。

（3）分布特性分析。通过绘制坝体、边坡或洞室表面及内部位移、典型监测断面渗压和渗流量等项目的分布图、过程线图，以便全面掌控和判断结构与基础工作性态。分布特性分析的内容因工程不同而异，一般针对重点关注的监测项目，常见的有位移沿坝轴线或沿坝高分布图、防渗体下游渗压分布图、典型断面渗压分布图等。

（4）相关分析。侧重研究测值与环境量之间的关系，从而判断测值变化是受环境量变化影响还是系统本身的变化趋势，影响位移、渗流的主要环境量是水位、温度和降雨，相关分析中应考虑其一定的滞后性。

（5）比较分析。主要关注监测量的变化趋势及测值的合理性，比较的内容可以是实测值与历史极值、相邻测点测值、实测值与设计或计算值等多项。

13.2.2 数学模型分析

借助数学工具和物理学原理在监测物理量（如效应量、位移、应变、渗压等）和其他原因量（如时间、测点距开挖面距离、水压、初始地应力等）之间建立关系式，据此对监测物理量进行定量分析的方法称为数学物理模型法。所建立的关系式称为监测物理量的数学物理模型，主要依据实测效应量值与模型预测效应值两者应基本相符的原则来解释和分析监测资料，判断工程的工作状态的稳定性，分析研究原因量与效应量之间的相互关系和作用机理，预测效应量（包括效应分量）的变化趋势。数学物理模型法的基本假定是各主要原因量产生的效应量互不干扰，互相独立，即效应分量符合力学叠加原理，故数学物理模型中总效应量的一般表达式为可用式（13-23）计算：

$$E(t) = \sum_{i=1}^{n} E_i(t) = \sum_{i=1}^{n} \Big[\sum_{j=1}^{n} A_{ij} F_{ij}(t) \Big] \qquad (13-23)$$

式中　t——时间参数；

　　$E_i(t)$——第 i 个效应分量；

　　A_{ij}——待定系数，根据监测物理量与计算值吻合的原则确定；

　　$F_{ij}(t)$——效应分量 $E_i(t)$ 的第 j 个相关因子，通常表示为某类函数形式。

如 $E_i(t)$ 代表大坝水压分量，则其相关因子一般表示为水位 H 的幂函数形式可用式（13-24）计算：

$$E_i(t) = \sum_{j=0}^{m} A_{ij} H^j \qquad (m \leqslant 4) \qquad (13-24)$$

数学物理模型法可分为统计学模型、确定性模型和混合性模型三类，统计学模型有时也称为数学模型，其他为物理力学模型。以下分别作简要介绍：

（1）统计学模型。统计学模型是一种后验性模型，它是根据以往较长时间、数量较多的历史监测资料，建立起的原因量和监测物理量（效应量）相互关系的数学模型，用以预测未来时刻效应量的变化趋势。统计学模型的分析方法可按以下步骤进行。

1）选定效应分量 $E_i(t)$。根据对所研究工程作用机理的定性分析，选定组成总效应量 $E(t)$（监测物理量）的各效应分量 $E_i(t)$，如混凝土坝的变形效应分量 $\delta(t)$，在运行期主要是水位 $\delta_H(t)$、温度 $\delta_T(t)$ 和时效分量 $\delta_\theta(t)$ 三种可用式（13-25）计算：

$$\delta(t) = \delta_H(t) + \delta_T(t) + \delta_\theta(t) \qquad (13-25)$$

2）拟定相关因子的组成和表达式。一般应对工程监测物理量、效应分量与原因量关系做较深入的定性分析，考察已有相近或简化情况的解析表达式之后，正确拟定相关因子及表达式。如对混凝土坝的水压分量 $\delta_H(t)$，由对坝体变形和坝基变形公式的考察，确定水压相关因子 H^i 由幂函数 H、H^2、H^3、H^4 组成可用式（13-26）计算：

$$\delta_H(t) = a_0 + \sum_{i=1}^{4} a_i H^i \qquad (13-26)$$

式中　$\delta_H(t)$——水压分量；

　　H^i——水压相关因子；

　　a_0、a_i——待定系数。

由对坝体横断面位移温度效应分量 σ_T 的考察可知，其相关因子可由各水平截面的平均温度 $\overline{T}_j$ 和温度梯度 φ_j 组成可用式（13-27）计算：

$$\sigma_T = b_0 + \sum_{j=1}^{m} b_{1j} \overline{T}_j + \sum_{j=1}^{m} b_{2j}^j \varphi_j \qquad (13-27)$$

式中　σ_T——温度相应分量；

$\overline{T}_j$——平均温度；

φ_j——温度梯度；

b_0、b_{1j}、b_{2j}——待定系数。

根据变位时效效应分量可能与混凝土的徐变、坝体接缝和裂缝变化、基岩的徐变和断层节理压缩等情况有关，一般可取对数或指数表达式可用式（13-28）计算：

$$\delta_\theta = C\ln\theta \ \text{或} \ \delta_\theta = C(1-e^{-c_1\theta}) \tag{13-28}$$

式中　δ_θ——变位时效效应分量；

C——时效位移的最终稳定值；

c_1——参数。

3）统计回归计算。在初步选定效应分量和相关因子表达式后，即建立了初拟的统计学模型多元非线性表达式，如混凝土坝变形量可用式（13-29）计算：

$$\delta = a_0 + \sum_{i=1}^{4} a_i H^i + b_0 + \sum_{j=1}^{m} b_{1j}\overline{T}_j + \sum_{j=1}^{m} b_{2j}\varphi_i + C\ln\theta \tag{13-29}$$

式中　　　　　　　δ——效应分量；

a_0、a_i、b_0、b_{1j}、b_{2j}——待定系数；

H^i——水位因子；

$\overline{T}_j$——温度因子；

φ_i——温度梯度；

C——时效位移的最终的稳定值。

一般通过变量替换为多元线性的回归问题，然后用逐步回归分析来筛选因子，找出在指定显著水平下的显著相关因子组成拟合方程，回归确定待定系数 a_0、a_i、b_0、b_{ij}、b_{2j}、并通过方差分析了解整个方程线性相关的密切程度，及各类自变量对效应量的影响程度。

4）模型的校验。统计学模型建立后，要经过较长时间的使用校验，校验的标准一般为 $1s$（一个标准差）。偏差值大于 $1s$，必须校正模型，使之更接近实际。经过校验期的验证，偏差值 $1s$，则可作为安全预测模型在工程中使用。由于时间的推移，原来通过校验的统计学模型预测值与实测值偏差可能重新超过校验标准，这时就必须重新校准模型，以保持反映实际情况。

5）安全监控和预测。经校验的数学模型可对未来时刻监测物理量的变化趋势和量值进行预测，在到达该时刻时，将实测值 δ_M 与预测值 δ_p 比较。在测值数量足够多的运行期，一般取 $3s$ 作为安全评判的标准，其中 s 为剩余标准差。取 $E_r = |\delta_M - \delta_p|$，则：若 $E_r < 2s$，表明监测物理量处于正常状态；若 $2s \leqslant E_r < 3s$，表明监测物理量状态出现轻度异常，一要其演变趋势；二要统计分析发生异常的部位、效应量；三要加强监测和日常巡视工作；如 $E_r \geqslant 3s$，监测物理量超过安全监控标准，发出安全警报，并研究可能采取的技术措施。

（2）确定性模型。建立过程中，要用到确定性方法，如有限元方法、其他数值算法或解析法，计算求得所研究问题的解，然后结合实测值进行优化拟合，实现对物理力学参数和其他拟合待定参数的调整，建立确定性模型，以便进行安全监控和反馈分析。因要与实测值拟合，所选择的有限元等确定性算法应在原设计计算模型的基础上进一步改进修正，以反映工程重要影响因素。所采用的物理力学参数指标也要经过反分析优选，以符合工程实际。确定性模型的基本做法为：

1）选择效应分量。各效应分量应彼此独立，互不干扰，符合力学叠加原理，叠加后形成的总效应量即为监测物理量。以上要求与统计学模型一致，与统计学模型不同的是，各效应分量必须有对应的确定性算法。

2）效应分量的确定性计算。具体方法如下：

①给出确定性算法的基本模式和计算条件。如有限元法，应给出网络剖分、边界及荷载条件、单元形材料模式等。

②给定物理学模式。物理力学参数应通过反分析或试误法选取，以使确定性计算成果与实测值吻合。

③效应分量的计算和拟合。按上述给定的计算模式、条件和物理力学参数，进行各效应分量的确定性计算。计算方案由在指定范围内基本因子取值数量确定。如大坝水位效应分量 δ'_H 的有限元计算方案，由在指定水位变动范围不同水位 $\bigtriangledown_i$ 取值定出。对每一方案，由式（13-30）求得待定系数 a_i：

$$\delta'_H = \sum_{i=0}^{m} a_i H_i \qquad (13-30)$$

式中　δ'_H——水位效应分量；

　　　a_i——待定系数；

　　　H_i——水位因子。

3）确定性模型表达式的建立。取各效应分量的确定性表达式，进行线性叠加，并用回归方法与实测值进行优化拟合，确定各效应分量的调整参数，即可得到确定性模型表达式。如混凝土大坝表达式可用式（13-31）计算：

$$\delta = \alpha\delta'_H + \beta\delta'_T + \gamma\delta'_\theta \qquad (13-31)$$

式中　δ'_H、δ'_T、δ'_θ——水压、温度和时效分量表达式；

　　　δ'_H、δ'_T——一般可由确定性算法（有限元）得出；

　　　　　δ'_θ——通常需用统计学模型公式替代；

　　　α、β、γ——水压、温度和时效分量的拟合参数。

优化拟合除给出各效应分量的拟合参数外，还要给出确定性模型中统计学部分的待定参数，"如时效分量中的最终稳定值 C 等"。C 是时效分量中最终稳定值。

4）模型校验、安全监控和预测。方法与统计学模型相同。

（3）混合性模型。为了克服统计学和确定性模型各自的缺点，1980 年 P.Bonaldi 等改进了混合性模型，对各效应分量的计算，视具体情况选用不同的模型。例如大坝的水位分量采用确定性模型计算，而温度和时效分量选用统计性模型。研究表明，混合性模型的预报精度较确定性和统计学模型都高。

13.2.3　软件数据处理与分析

工程安全监测信息管理系统是一套基于 Windows 运行环境下的、可与工程安全监测数据采集软件配套使用的工程安全监测信息管理软件。主要用于对数据采集软件监测的数据及其他有关工程安全监测的信息进行存储、加工处理和输入输出。信息管理系统能帮助运行人员利用工程安全监测数据和各种工程安全监测信息对结构物性态做出准确的分析判断，为工程安全运行和管理工作提供了高效的现代化手段。

数据采集系统、信息管理系统和数据分析系统关系见图 13-4。

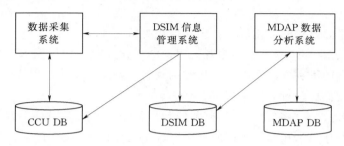

图 13-4　数据采集系统、信息管理系统和数据分析系统关系图

工程安全监测信息管理该系统具有强大的测点信息管理、监测数据管理、数据备份管理、远程通信控制、系统监视日志等功能，并可根据用户的需求提供单机或网络版本。系统大量采用图形界面和操作向导技术。因此，操作非常简便，用户很快就能学会。其特点主要包括下列内容：

（1）可视化系统管理。系统设置界面方便直观；可任意扩展测点所需的属性，能满足未来系统扩充的需要。

（2）全自动物理量转换。原始数据在入库的过程中自动完成物理成果量的转换，无须额外的转换过程；每个测点可以配置任意多套物理量转换参数，为更换仪器提供了最大的方便。

（3）数据管理分析系统资源浏览器。界面类似 Windows 资源浏览器，用户无需培训即可轻松上手；所有数据输出、分析模型、系统工具等系统资源都一览无余。

（4）软件升级时自动修改数据库结构，自动恢复系统信息，使升级非常方便。

（5）数据输出制作工具。用户可自己创建报表、多点过程线、测值分布图等数据输出模型，按自己所需设定输出界面；创建的数据输出模板可存储供以后使用。

（6）报表批量输出。可选择一批报表自动打印。

（7）强大的远程通信控制。可以通过串行口、调制解调器或网络控制远方数据库终端，用户在远方也可轻松管理测量现场。

13.3　监测报告的编写

监测阶段成果简报和施工期监测成果报告，都是把监测所得的成果文字、图表系统展示出来，让有关人员对工程的现有状况有比较清楚的了解，一般应包括下列内容：

（1）工程概况。主要包括工程位置、地形、地质条件、工程规模、复杂性和重要性等。

（2）监测仪器布置。除所有监测仪器布置图外，应详细说明各种仪器布置的位置和设置原则、应达到的目的等。

（3）监测仪器的安装埋设。将各种监测仪器在各部位具体安装、埋设方法用图文说明。

(4) 监测成果。监测成果一般包括下列内容：

1) 图表。主要包括：①各仪器监测资料图，如随时间变化过程线、相关图、分布图、综合比较图等；②各仪器监测成果汇总表，如最大、最小值统计表，仪器完好情况统计表；③各种物理量的比较图和比较表；④其他相关监测成果的图表。

2) 资料分析。主要包括：①根据各物理量的变化过程线，说明该监测结果的变化规律、变化趋势是否向不利方向发展；②将监测资料，特别是变化过程线，与理论上或其他同类的物理量的变化比较有无异常现象。

3) 异常值判定。主要包括：①用监测值与设计值比较；②目前的监测值与以前各次监测值比较；③与建筑物相邻的相同监测的物理量进行比较；④用一段时间以来各阶段的物理量的变化量，特别是变化趋势进行分析；⑤用各种物理量相互验证，进一步分析比较与工程安全相适应的各种物理量之差。

(5) 根据资料对工作状态及存在的部位和性质进行评价，并分析今后的发展趋势，提出工程运行状况、维护、维修意见和措施。提出加强监测意见和对处理工程异常或险情的建议。

13.3.1 月报的编写格式

(1) 封面。主要包括：工程名称、报告名称、报告编号、编写单位、编写日期。

(2) 目录。

(3) 工程概况。本月工程施工进展情况，监测设施的检验、校测、维修情况，巡视检查和监测工作概况，监测资料的精度和可信程度，监测工作中发现的问题及其分析、处理情况等。

(4) 监测资料。仪器埋设的原始记录和考证资料；人工巡视检查、监测原始记录、物理量计算成果及各种图表；有关的水文、地质、气象及地震资料。

(5) 成果分析。综述本月内监测资料分析的结果，包括分析内容、方法、结论、建议。

(6) 下月工作计划安排。

(7) 封底。

周报、季报的编写类同与月报。

13.3.2 年报的编写格式

(1) 封面。主要包括：工程名称、报告名称、报告编号、编写单位、编写日期。

(2) 目录。

(3) 工程概况。本年度工程施工进展情况，监测设施的检验、校测、维修情况，巡视检查和监测工作概况，监测资料的精度和可信程度，监测工作中发现的问题及其分析、处理情况等。

(4) 监测资料。仪器埋设的原始记录和考证资料；人工巡视检查、监测原始记录、物理量计算成果及各种图表；有关的水文、地质、气象及地震资料。

(5) 成果分析。综述本季度内监测资料分析的结果，主要包括分析内容、方法、结论、建议。

　　（6）本年监测大事记。

　　（7）下年工作计划安排。

　　（8）封底。

13.3.3　阶段性验收报告的编写格式

　　（1）封面。主要包括：工程名称、报告名称、编写单位、编写日期。

　　（2）目录。

　　（3）工程概况。

　　（4）本阶段仪器安装埋设监测和巡视工作情况说明。

　　（5）巡视检查的主要成果。

　　（6）本阶段资料分析的主要内容和结论。

　　（7）本阶段以来，出现问题的部位、时间和性质以及处理效果的说明。

　　（8）对建筑物工作状态进行评估，为阶段验收提供依据。

　　（9）提出对建筑物监测、运行管理及养护维修的改进意见和措施。

　　（10）封底。

竣工验收报告的编写类同与阶段验收报告。

14 典型工程实例

14.1　龙滩水电站右岸大坝工程监测

14.1.1　工程概况

龙滩水电工程是红水河梯级开发中的龙头骨干控制性工程，位于广西壮族自治区河池市天峨县境内的红水河上，坝址距天峨县城 15km。工程以发电为主，兼有防洪、航运等综合效益。本工程为Ⅰ等工程，工程规模为大（1）型。工程枢纽布置为：碾压混凝土重力坝；泄洪建筑物布置在河床坝段；左岸布置地下引水发电系统，单机容量 700MW，装机 9 台，装机总容量 6300MW；右岸布置通航建筑物，采用二级垂直提升式升船机。于 2001 年 7 月 1 日正式开工兴建，2009 年 12 月工程全部竣工。

14.1.2　安全监测仪器布置

龙滩大坝安全监测包括碾压混凝土大坝和左右岸导流洞堵头。大坝常规监测项目分为环境量监测、变形监测、渗流监测、应力应变及温度监测等项目，安装埋设监测仪器 2107 支（测点）（不含河床断面测量、水力学监测和水质分析），其中应力、应变及温度监测仪器 1345 支、变形监测仪器/测点 533 支（测点）、渗流监测仪器（设施）179 支（个）、环境量监测仪器 50 支；大坝专项监测项目分为河床断面测量、水力学监测和水质分析，上下游河床冲淤测量 33 个断面，水力学监测 114 个，水质分析；左右岸导流洞混凝土堵头的监测仪器分别安装埋设在 14 个监测断面，分为应力应变及温度监测、变形监测和渗流监测等项目，共计 232 支仪器。

（1）大坝常规监测项目。环境量监测包括：上下游水位、库水温、巡视检查等。变形监测包括：坝体位移、倾斜、接缝变化、裂缝变化、坝基位移、近坝岸坡位移等；渗流监测包括：渗流量、扬压力、渗透压力、绕坝渗流等；应力应变及温度监测包括：应力、应变、混凝土温度、坝基温度等。

（2）大坝专项监测项目。上下游河床冲淤测量，从坝上 0－350.000～坝下 0＋900.000，共 33 个监测断面；水质分析：坝前、廊道和下游指定位置分别取水样，全分析项目；水力学监测包括：振动、流速、掺气浓度、动水压力、通气量、空蚀、水面线等，共计 114 个/套。

（3）左右岸导流洞堵头监测项目。变形监测：裂缝监测；渗流监测：渗透压力监测；应力应变及温度监测：应力、应变，混凝土温度等。

（4）大坝及左右岸导流洞堵头的测次、精度要求。大坝及左右岸导流洞堵头的监测为运行期观测，施工期观测为仪器（测点）增加或损坏重新安装埋设的仪器（测点），项目按规程规范要求进行观测、计算及资料整理和整编。观测仪器（含工具）在安装埋设开始前检校一次，确保观测精度；外部变形测量仪器按规定每年检校一次，观测成果精度要求水平位移测量中误差限差为±3.0mm，垂直位移测量中误差限差为±3.0mm；所有监测项目按规定的测次进行，并做到"四无"（无缺测、无漏测、无违时、无不符合精度）、"五随"（随观测、随记录、随计算、随校核、随分析），为了提高观测精度和工效，同时做到"四固定"（定人、定时、定测次、定仪器）。

14.1.3 主要监测成果分析

（1）温度分析。11号坝段高程216.50～230.00m平均温度为25.28～27.59℃；高程242.00～315.00m平均温度为31.33～34.98℃；高程345.00m平均温度为28.60℃。12号坝段高程215.00～242.00m平均温度为27.78～30.95℃；高程255.00～270.00m平均温度为32.62℃；高程285.00～303.00m平均温度为24.91～27.18℃；高程305.00m平均温度为32.60℃；高程320.00～335.00m平均温度为31.℃。16号坝段高程200.00～272.00m平均温度为28.19～33℃；高程281.30m平均温度为25.51℃；高程288.00m平均温度为35.53℃；高程300.00m平均温度为35.39℃；高程315.00m平均温度为30.64℃。22号坝段高程235.00m平均温度为33.60℃；高程250.00m平均温度为33.45℃；高程270.00m平均温度为33.10℃；高程295.00m平均温度为36.20℃。

在混凝土浇筑后，由于水泥的水化热而发生温升，峰值温度达到最大值，随后温度缓慢下降；靠近基岩部位的混凝土受基岩影响，所以温度平稳；靠近坝体表面混凝土温度受气温的影响，混凝土温度比气温略高；坝体中间温度不受气温影响，温度下降缓慢。

（2）坝基与坝体结合情况。裂缝计埋设于基岩面上，受温度的影响很小，大部分裂缝计处于受拉状态。开合度变化不大，受拉开合度最大值出现在 K_{21-4} 处，为0.48mm，其余各坝段裂缝计开合度均处在0.1～0.2mm之间。说明基岩和混凝土结合情况良好。

（3）坝体分缝结合情况。大部分测缝计处于轻微的受拉状态，开合度很小，受拉开合度最大值出现在 J_{5-1} 处，为2.01mm，受压开合度最大值出现在 J_{12-1} 处，为－1.92mm。实测成果表明，接触灌浆完成后，缝面开度变化趋于稳定，没有继续大幅张开的现象，符合大体积混凝土温度变形的正常规律。

（4）钢筋应力。钢筋应力主要受温度的影响而变化，温度升高应力下降，温度降低应力上升。16号坝段廊道钢筋大部分处于受压状态。钢筋压应力最大发生在廊道边墙部位（－30.78kN）；最大拉应力发生在廊道地板（17.87kN）。

（5）大坝渗流情况。

1）大坝基础渗透压力。蓄水前后坝基渗透压力变化不大，除个别渗压计出现渗透压力外，其余渗压计均无渗透压力，渗压计特征值统计见表14-1。

2）坝基渗漏量。大坝运行3年，有76个排水孔渗水。76个排水孔的渗漏总量最大值发生在2006年12月16日为2040.75mL，当天的上下游水位分别为317.72m、222.54m。坝体排水孔渗漏量在1215.78～2041.75mL之间变化。上游水位与排水孔渗漏总量变化过程曲线见图14-1。

表 14-1		渗压计特征值统计表		单位：m
序　号	设计编号	蓄水前水头最大值	蓄水期水头最大值	变化量
1	P_{11-1}	21.32	93.22	71.9
2	P_{11-4}	0	0.04	0.04
3	P_{11-5}	0	0.45	0.45
4	P_{11-6}	0	0.11	0.11
5	P_{12-3}	0	2.56	2.56
6	P_{12-4}	0	0	0

从图 14-1 可以看出，初期，坝基渗漏量随着上游水位的增加而增长，当上游水位逐渐稳定时，排水孔渗漏量逐渐稳定并缓慢减少。

3）基础扬压力。5～21 号坝段共布置 52 支测压管，用来监测大坝坝基扬压力。由监测数据可知：坝基上游帷幕灌浆廊道最大水头为 UP_{17-1}（0－000.492 坝左 0＋030.000，高程 195.38m）为 16.27m；坝基下游帷幕灌浆廊道最大水头为 UP_{15-3}（0－000.492 坝左 0＋030.000，高程 195.38m）为 3.47m；UP_{17-6}（0＋004.581 坝右 0＋075.000，高程 209.05m）为 6.72m。整体来看，蓄水对大坝产生的渗透压力和扬压力小。

4）坝体渗透压力。布置在基础面且纵向桩号接近上游面的渗压计与 12 号坝段底孔处的渗压计所测渗透压力较大，最大值为 P_{11-8} 所测：换算水头为 32.90m，其余部位的渗压计所测的水头较小甚至没有渗透压力，水头为零。渗压计主要受水库水位的影响，随其涨落而升降，一般滞后于水位的变化；蓄水前后渗压计测值变化不大。

（6）底孔附近主要监测成果分析。

1）混凝土应力应变。应变计组大部分处于受压状态，应变值多为压应变，其中压应变最大值出现在 12 号坝段高程 297.763m 的 S_{12-1}^3 处，为 $-195.24\mu\varepsilon$，此组应变计组埋设在 12 号坝段底孔处，应与坝体泄水有关。右岸大坝埋设的应变计均在上游水位以下，上游库水位、水温所产生的影响很小，主要受气温、浇筑坝体自重及混凝土水化热温升影响较大。混凝土应变处于正常变化范围内，无异常变化。

2）钢筋应力。布置在 12 坝段底孔部位的 10 支钢筋计大部分处于受压状态，最大压应力出现在 R_{12-11} 处，应力为 -32.84kN，最大拉应力出现在 R_{12-13} 处，应力为 20.10kN，应力变化均处在 $-2.75～20.10$kN 之间。19 坝段高程 298.50m 钢筋最大拉应力为 28.38kN（R_{9-2}），应力变化均处在 $4.62～28.38$kN 之间，该处钢筋承受拉应力较大。19 坝段高程 302.40m 钢筋最大拉应力为 32.12kN（R_{19-10}），应力变化均处在 $4.32～32.12$kN 之间。

3）锚索应力。12 号坝段共埋设了 8 套锚索测力计（4 套主锚索，400t；4 套次锚索，200t）。根据已埋设的锚索测力计监测数据，目前锚索应力有所损失，次锚索应力损失范围为 $25.98～162$kN，主锚索应力损失范围为 $100.25～427$kN。

4）钢板应力。12 号底孔钢衬周围共布置了 9 支钢板计，根据监测数据，钢板计普遍受压，最大值出现在 PS_{12-7}，应力为 -46.64MPa，其余各支钢板计变化范围在 $-1.48～-40.90$MPa 之间，符合现场施工情况。

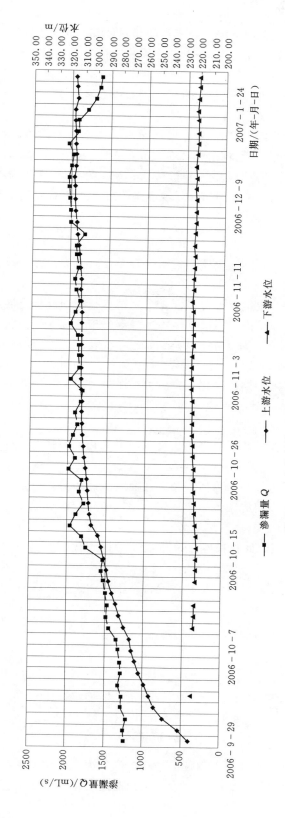

图 14 - 1 水位与排水孔渗漏总量变化过程曲线图

渗漏量 Q ── ■ ──   上游水位 ── ◆ ──   下游水位 ── ▲ ──

（7）坝基深部变形。目前从测点处基岩的相对位移变化来看：坝踵处基岩深处位移向上，坝中部基岩深处位移向下，坝趾处基岩深处位移向上，最大位移出现在坝踵处，为－4.235mm取自（M16－1－3），总体来看基岩深部变形较小，变化范围在 0.005～0.162mm 之间，这说明上游坝体水位的变化不影响坝体深处位移，均属于自身变化，各部位位移表现为上抬的发展趋势。

（8）坝体垂直位移。11 号、21 号坝段埋设有 6 条双管金属标，用来监测大坝及坝基的垂直位移。目前测值最大为 DS$_{11-4}$（坝右 0＋093.000，0＋014.500，高程 270.000）：铝管温度变形 0.16mm，钢管温度变形 0.08mm，基座温度变形－0.07mm。垂直位移测值的变化量很小，月变化为±0.01 mm，说明现阶段蓄水后对大坝及基础的垂直位移影响很小。

14.1.4 主要结论

（1）大坝目前所有安装的安全监测系统（有 5 个测点失效外）运行状态良好。所有监测数据完整、真实有效。

（2）坝体温度在正常温度允许范围内，个别高程在初期混凝土温度偏高，通过通水冷却后，温度降低到允许范围内，目前整个坝体温度处于良好的受控状态。

（3）混凝土应变很小，完全在允许范围之内，混凝土自生体积变形也在允许范围之内。

（4）钢筋应力随温度周期性变化，拉应力和压应力正常，钢筋受力情况良好。

（5）从所监测的测缝计成果表明，各坝段分缝处于收缩或微张开状态，缝隙发展良好。

（6）裂缝计和岩石变位计的监测成果表明：坝基和基岩结合良好，坝基岩石深部变形较小，目前坝基稳定。

（7）坝基渗透水压力较小，坝体混凝土层面间渗透压力除个别点有渗透压力外，其余均无渗透压力出现，层面间混凝土结合良好；坝基渗漏量基本保持在 2000mL/s 左右，随上游水位的变幅有微小的变化。

（8）12 号和 19 号坝段底孔在经过冲水后，根据底孔周围各项仪器的监测数据表明，底孔周围各项监测指标均在正常范围内。

目前整个大坝各项监测技术指标均在允许范围之内，大坝运行状态良好。

14.2 铜头水电站大坝工程监测

14.2.1 工程概况

铜头水电站于 1992 年开工，1995 年 6 月完成拱坝混凝土浇筑，同年 11 月水库开始蓄水，12 月 5 日第一台机组发电，1996 年 6 月第四台机组安装完成，工程全部完工。

14.2.2 监测仪器布置

考虑到本坝是建在低弹性模量地基上的高拱坝，为掌握大坝在蓄水期和运行期的工作状况。同时，验证设计理论，铜头大坝设置下列监测项目：

(1) 内部监测系统。

1) 内部监测项目：①坝体温度监测（包括坝区气温）；②坝体应力、应变监测；③开合度监测：包括坝体施工横缝、垫座与基岩接触缝；④坝面裂缝监测；⑤基岩应变监测；⑥渗透压力监测：包括坝基扬压力和坝肩渗透压力；⑦左、右岸坝肩锚索预应力监测；⑧右岸导流洞堵头监测。

2) 内部监测仪器的布置情况：根据以上监测项目的需要，铜头大坝原设计内部监测仪器 215 支，在施工过程中高程 720.00m 以下仪器因故损坏，完好仪器 136 支，2000 年 5 月又增埋坝面裂缝计 4 支，仪器种类及数量见表 14-2。

表 14-2   铜头水电站内部监测仪器统计表

仪器种类	型号	设计数量/支	完好数量/支	埋设部位
四向应变计	DI-10	90	63	大坝
二向应变计	DI-25	9	0	大坝
基岩应变计	DI-25	30	17	大坝
测缝计	CF-12	22	13	大坝
裂缝计	CF-12	4	4	坝面
温度计	DW-1	30	17	大坝
渗压计	SZ-16	5	2	大坝
二向应变计	DI-10	6	5	右堵头
测缝计	CF-5	5	5	右堵头
温度计	DW-1	2	2	右堵头
锚索测力计		12	8	坝肩
合计		215	136	

完好仪器主要布置在高程 720.00m、高程 730.00m、高程 740.00m、高程 750.00m 拱圈，其中温度计全部埋设在拱冠梁断面，应变计组在布置高程 720.00m、高程 750.00m 拱冠和拱端，测缝计安装于高程 730.00m、高程 740.00m 横缝和高程 720.00m、高程 750.00m 垫座。另外，在左、右岸坝肩布置有锚索测力计 8 支，右岸导流洞堵头布置有温度计、测缝计和应变计 12 支。

大坝下游坝面高程 720.00m 左右岸拱端，出现两条较明显的裂缝，裂缝长度约为 1.5m，为监测这两条裂缝的变化情况，根据业主要求于 2000 年 5 月 14 日、15 日在每条裂缝上安装两支表面测缝计，表面测缝计布置于裂缝中间和边缘各 1 支，并取得基准值。

(2) 坝肩渗流监测系统。

1) 渗流监测项目。为监测坝肩渗流及地质变化情况，设置坝肩渗流监测项目：①坝肩排水洞渗流量监测；②坝肩光电监测（同时监测光电监测孔水位）；③水质分析。

2) 渗流监测系统的布置情况。为减小坝肩渗透压力，左、右岸各设 2 个排水洞，在排水洞出口处设置渗流量监测点，以了解坝肩渗流情况。同时，在左、右岸坝肩共设 7 个光电监测孔，以监测坝肩岩体与地下水位的变化情况。对各排水洞、光电监测孔的水质进行监测，并与同期库水与地表水进行对比分析。

（3）外部变形监测系统。

1）外部变形监测系统组成。大坝和基岩变形由水平位移监测网和垂直位移监测网构成。前者由 10 个网点组成，即 $T_1 \sim T_{10}$ 按一等专用控制网精度实施。垂直位移监测网的两个水准基点各设在坝下游 1.5km 和 0.6km 处，按一等水准精度实施。

2）外部变形监测点布置情况。坝体上原设计共设有 16 个位移点。所有位移点既是水平位移点又是垂直位移点。其中坝顶高程 761.50m 设有 $C_{10} \sim C_{16}$ 共 7 个测点。高程 750.00m 设有 $C_5 \sim C_9$ 共 5 个测点。高程 735.00m 设有 $C_2 \sim C_4$ 共 3 个测点。高程 715.00m 为 C_1。在近坝下游两岸岩体上布设位移点 26 个，左岸 $C_{30} \sim C_{40}$ 计 11 个，右岸 $C_{17} \sim C_{29}$ 计 13 个，左岸泄洪洞出口岩体上于 1999 年 5 月增设 C_{41}、C_{42} 两个测点。2000 年根据中国水利水电建设工程咨询公司专家对铜头水电站安全鉴定意见，于 2000 年 3 月对大坝下游高程 743.00m 增设 2 个位移点 C_{43}、C_{44}，高程 722.00m 增设 5 个位移点 $C_{45} \sim C_{49}$，高程 715.00m 增设 2 个位移点 C_{50}、C_{51}，高程 709.00m 增设 3 个位移点 $C_{52} \sim C_{54}$，共计增加 12 个位移测点。

14.2.3　监测实施

铜头水电站内部监测系统于 1994 年初开始施工，并于 1995 年 5 月基本结束。其基准值按《混凝土大坝安全监测规范》（DL/T 5178—2003）的要求选择，选择埋后 24h 的测值。其测次安排为：仪器混凝土覆盖后，在 24h 内，每 4h 监测 1 次；24h 以后，每 8h 监测 1 次，连续监测 1 周；以后每 3 天监测一次至仪器埋设 1 个月；埋设 1 个月后，每周监测 1 次。1997 年 3 月铜头水电站运行期内部监测，于当年 7—9 月完成内观自动化改造。根据规范要求将运行期测次改为每月 1 次。

在蓄水期间 1995 年 11 月 20 日、1996 年 3 月 25 日、4 月 24 日、6 月 9 日，共进行 4 次监测。以测定的监测网基准值作为外部变形的初始值。1996 年 6 月 2 日、6 月 14 日分别对水平位移基准网和垂直位移基准网进行了校测。在蓄水监测期结束后，又于 1996 年 10 月 20 日对变形监测的基准网、工作基准网、位移点进行了校测，复核各基准值。之后又分别于 1998 年 3 月、1999 年 2 月对变形基准网进行了全面复测。从 1997 年 3 月开始实行每月监测 1 次。左右岸边坡原为临时测点，后以测值为 $C_{17} \sim C_{40}$ 基准值，C_{41}、C_{42} 于 1999 年 5 月埋设，6 月测取初始值，2000 年 4 月完成 $C_{43} \sim C_{49}$ 位移点的基准值建立，2000 年 5 月完成 $C_{50} \sim C_{54}$ 位移点的基准值建立。

铜头水电站共设有 7 个光电监测孔，其中 R_3、R_6 各在裂隙 L_{12} 上面 1.5m、1.0m 处。钻孔孔径 95～100mm，于 1996 年 3 月 18 日完成，成孔顺序为 1—2—3—4—7—5—6。在 1996 年 4 月 26～28 日对左岸 $R_1 \sim R_3$ 进行监测并录像。之后至 1998 年开始系统监测，其测次为每月 1 次。

渗流监测于 1997 年 3 月开始监测，测次为每月上旬监测 1 次。气温监测于 1998 年 7 月开始采用自记式温度计监测，每星期整理 1 次成果。

14.2.4　监测成果分析

（1）铜头拱坝总的变化规律是温升时坝体膨胀向上游位移，拱冠处变形最大。每条 8 月拱冠位移向上游位移，此时拱冠上游面受拉，下游面受压，拱冠上游受拉下游受压。温降时坝体收缩下游位移，每年2月拱冠向下游位移，此时拱冠上游面受压下游面受拉，拱冠上游受压，下游受拉，内外观的变化规律一致。

（2）坝体温度主要由上游库水温度及下游气温控制，坝体下游混凝土表面温度受到较多的太阳辐射的影响，多年平均温度比多年平均气温高1.2~1.8℃，靠近坝顶混凝土温度较高；上游坝面库水温比多年平均气温低2.0~3.3℃，水深处库水温较低。

（3）基岩应变与温度有一定关系，温度升高基岩膨胀受拉，温度降低基岩收缩受压；基岩应变与水位也有一定的关系，水位升高受压，水位降低受拉。

（4）坝体测缝计开度监测值的时效向闭合方向发展且趋于稳定，垫座和基岩接缝测值较小，表明拱座接触良好。

（5）受水压长期持续作用，大坝从观测至今有向下游时效位移，但量级不大，而且大部分已收敛，与此相应，应力和坝缝时效分量均已逐渐收敛，铜头拱坝的这种时效变化与国内其他类似薄拱坝的变化规律一致，应属正常运行。

14.2.5 主要结论和建议

（1）坝体应力主要受控温度影响，温升时坝体上游面受拉，下游面受压，温降时坝体上游面受压，下游面受拉，低温期2月应力最为不利。坝体运行几年来，拉应力普遍有减小趋势，压应力普遍增大，说明坝体应力状态在逐渐改善，由于部分应变计组中个别应变计失效，导致应变规律不太明显。

（2）基岩应变与温度的关系较为复杂，主要为坝体混凝土气温升时整体膨胀基岩受压，气温降时收缩基岩受拉。受气温降低影响本年度高程750.00m右岸拱端 M_{28}、M_{30} 产生最大拉应变 274.99$\mu\varepsilon$、106.77$\mu\varepsilon$（自2002年以来）。坝体运行几年来，高程720.00m基岩应变计趋于稳定呈周期性变化；高程750.00m基岩应变计左拱端 M_{26}、右拱端 M_{28} 拉应力有增大趋势，值得关注。

（3）拱圈中间部位为应力上、下游反向变化的过渡区，即此处的应力年变幅很小，埋设于横缝中间部位的测缝计不可能有太大变化，但由于封拱灌浆温度偏高，低温期坝体下游面横缝出现局部开裂现象，这是由于温度变化产生的，并不影响大坝的整体性。从目前的测值看下游坝面裂缝稳定。

（4）水平位移量不大，远小于多拱梁法计算值、清华有限元法计算值和模型试验值。垂直位移随气温周期变化，表明坝体变形在正常范围内，1999年后坝体变形明显符合规律。因此，可认为坝体前期位移异常属观测误差，今后应进一步加强变形观测。同时，减小观测误差，尤其应注意减少观测的偶然误差和系统误差。

（5）渗流观测和水质分析成果说明，右岸上部排水洞的渗透水主要来源于雨后裂隙水，左上、右下排水洞渗水主要为地下水。左下排水洞内的水主要是左岸泄洪洞渗漏水，左岸泄洪洞处理后，左下排水洞渗流量明显减小，稳定在0.2L/s，主要来自排水孔排水，无溶出性侵蚀和渗透破坏发生。2009年恢复观测以来渗流量较往年增大，今后需要持续观测其变化规律。

（6）坝肩的稳定对拱坝安全至关重要，从外观的测值及光电观测成果来看，坝肩岩体稳定，从锚索测力计监测成果看，锚固力随气温做周期性变化，无明显预应力松弛，进一步说明左右岸坝肩稳定。现右坝肩预应力锚索测力计自2007年6月恢复观测以来测值稳定，随气温呈周期性变化。

（7）坝肩部分岩体长期裸露，经过长期的日晒雨淋，观测较为不便，右岸观测便道需要及时检查修复。

（8）拱坝下游右岸下排水洞由于塌方路断不能观测，左岸下排水洞交通路已经恢复观测；2007 年 3 月对集线箱内的所有监测仪器进行修复改装，5 号集线箱监测仪器电缆集中在下游底部，建议将其线路引至坝顶工作室便于观测。

14.3　沙湾水电站枢纽工程监测

14.3.1　工程概况

沙湾水电站枢纽工程以发电为主，兼顾灌溉和航运功能。水电站装机容量 480MW，年发电量 24.07 亿 kW·h。总库容 4867 万 m^3，正常蓄水位以下库容 4554 万 m^3。

沙湾水电站施工采用分期导流方式。一期导流采用束窄河床全年导流，安排 5 孔冲砂闸、厂房、厂房储门槽坝段、右岸接头坝施工，相应地建设了一期工程的安全监测系统。于 2009 年 3 月完成一期蓄水。二期导流采用枯期导流，安排剩余 5 孔泄洪闸及其储门槽坝段、左岸面板坝段施工，汛期采用 5 孔泄洪闸及过水围堰过流。二期工程于 2010 年 5 月基本完建，并进行二期蓄水，也即整个工程的整体正式蓄水。同一时间，二期工程安全监测系统也基本建设完成并取得初值投入使用，整个工程的安全监测系统投入正常使用。

本案例结合混凝土工程监测，因此主要介绍其大坝混凝土工程监测部分。

14.3.2　监测系统及其布置

为监测和掌握沙湾工程水工建筑物工作状况，同时验证设计理论，分别在一期工程的右岸挡水坝段、厂房坝段、冲砂闸、高边坡、尾水渠等建筑物上设置如下的监测项目，其监测仪器埋设统计情况见表 14-3。

表 14-3　　　　　　　　沙湾水电站工程监测仪器埋设统计情况表

序号	部　位	仪　器　名　称	仪器型号	单　位	设计数量
1	厂房	渗压计	GK-4500S	支	18
2		单向测缝计	NZJ-40G	支	29
3		测压管		套	13
4		无应力计	NZS-25G	支	8
5		五向应变计组	NZS-25G	组	8
6		温度计	NZWD-G	支	43
7		钢筋计	NZGR	支	58
8		压应力计	WL-30	支	6
9		锚杆应力计	NZGR	支	4
10		水平位移测点		个	8
11		垂直位移测点		个	33

序号	部 位	仪 器 名 称	仪器型号	单 位	设计数量
12	接头坝、储门槽、安装间	渗压计	GK-4500S	支	11
13		单向测缝计	NZJ-40G	支	9
14		三向测缝计	NZJ-40G	套	7
15		测压管		套	6
16		温度计	NZWD-G	支	15
17		无应力计	NZS-25G	支	4
18		五向应变计组	NZS-25G	组	3
19		七向应变计组	NZS-25G	组	1
20		遥测水位计		支	2
21		水平位移测点		个	4
22		垂直位移测点		个	10
23	冲砂闸	渗压计	GK-4500S	支	5
24		单向测缝计	NZJ-40G	支	4
25		测压管		套	5
26		钢筋计	NZGR	支	19
27		固定测斜仪		套	6
28		单向应变计	NZS-25G	支	5
29		无应力计	NZS-25G	支	5
30		三分向震动测点		套	8
31		水平位移测点		个	4
32		垂直位移测点		个	16
33	泄洪闸	渗压计	GK-4500S	支	4
34		单向测缝计	NZJ-40G	支	1
35		测压管		套	7
36		三分向震动测点		套	8
37		水平位移测点		个	4
38		垂直位移测点		个	7
39	左岸面板坝	渗压计	GK-4500S	支	16
40		单向测缝计	NZJ-40G	支	5
41		三向测缝计	NZJ-40G	套	5
42		面板脱空计		套	4
43		单向应变计	NZS-25G	支	5
44		无应力计	NZS-25G	支	5
45		固定测斜仪		套	6
46		水平位移测点		个	7
47		垂直位移测点		个	7

序号	部 位	仪 器 名 称	仪器型号	单 位	设计数量
48		测压管		套	14
49	尾水渠	水平位移测点		个	24
50		垂直位移测点		个	24
51		测压管		套	5
52		水平垂直位移测点		个	9
53	高边坡	多点变位计		套	8
54		锚杆应力计		支	3
55		锚索测力计		支	4
56	左岸山体	测压管		套	6
合计					565

（1）渗流：渗流量、扬压力、渗流。

（2）变形：位移、接缝和裂缝。

（3）应力：应力、应变、钢筋应力、锚杆应力。

（4）温度：混凝土温度、坝基温度、库水温度。

（5）其他：水位等。

14.3.3 渗流监测分析

右岸接头重力坝渗流监测 1—1 剖面，该断面分布有 P_{1-1}、P_{1-2}、P_{1-3} 渗压计和 U_{1-1} 测压管，其中 P_{1-1} 位于帷幕上游侧，于 2007 年 12 月失效。

储门槽、安装间坝段（2—2 剖面），该断面分布有 P_{2-1}（帷幕上游）、P_{2-8}、P_{2-2}、P_{2-3} 渗压计和 U_{2-1}、U_{2-2}（设计为深孔）、U_{2-3} 测压管。

厂房坝段（3—3 剖面），该断面的建基面上分布有 P_{3-1}（帷幕上游）、P_{3-4}、P_{3-5}、P_{3-6} 渗压计和 U_{3-1}（设计为深孔）、U_{3-2}、U_{3-3} 测压管。

渗流监测成果见图 14-1～图 14-5。

渗压水头历时过程曲线分别见图 14-2、图 14-3，测压管水头历时过程曲线分别见图 14-4～图 14-6。

（1）总体上，厂房坝段建筑物渗流基本正常，坝轴线防渗系统阻渗效应显著，但因为厂房坝段坝趾处未设置下游帷幕，尾水水位存在对基础面的顶托、反渗现象，造成厂房坝段基础面扬压力较大，帷幕扬压力折减系数较大。

（2）厂房坝段基础混凝土材料分界面存在渗压，尤其上游侧渗压水头较高，需密切观测。

（3）因蓄水时间尚短，渗流系统尚在调整、适应过程中，个别测点渗压数值有跳跃、或持续增长、或持续降低等现象，建议密切观测、适时评估，以确保水工建筑的渗流安全。也有些测孔持续无测值，建议检查有无堵塞、或仪器损坏、或线缆损坏等原因。

（4）右坝肩帷幕防渗效果一般，目前渗压发展稳定，随库水位有一定波动性，渗流基本是安全的。

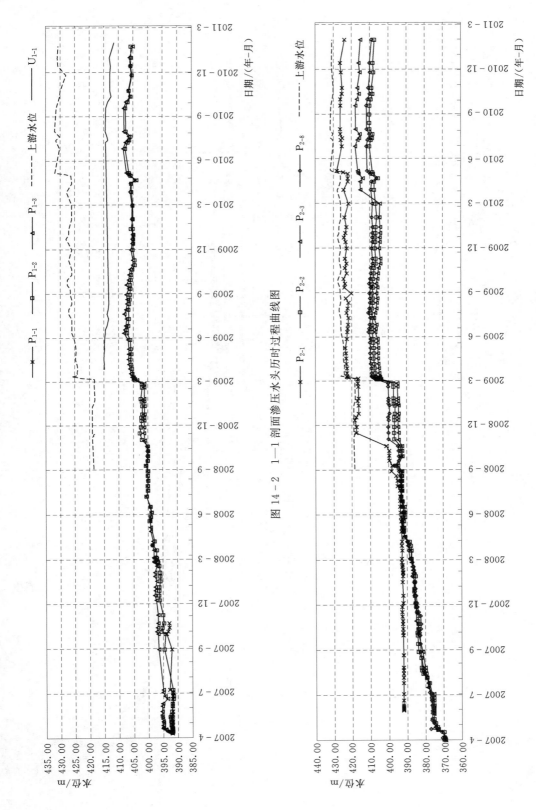

图 14 - 2   1—1 剖面渗压水头历时过程曲线图

图 14 - 3   2—2 剖面渗压水头历时过程曲线图

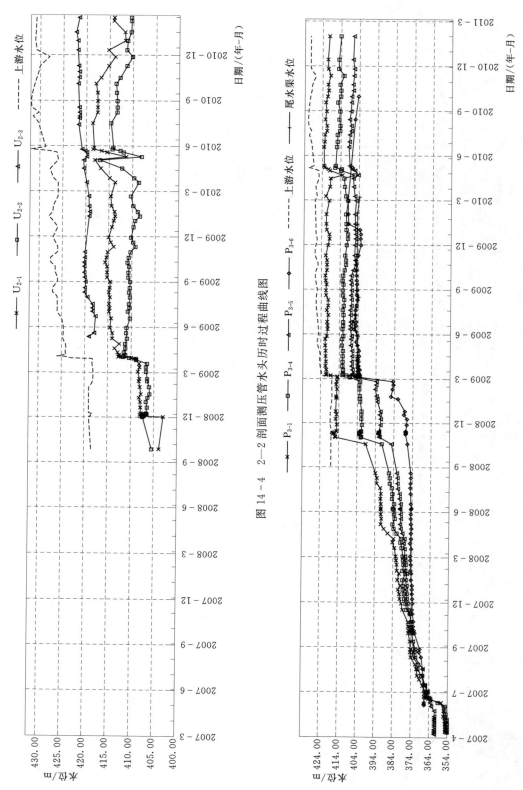

图 14 - 4 2—2 剖面测压管水头历时过程曲线图

图 14 - 5 3 号机组（3—3 剖面）渗压水头历时过程曲线图

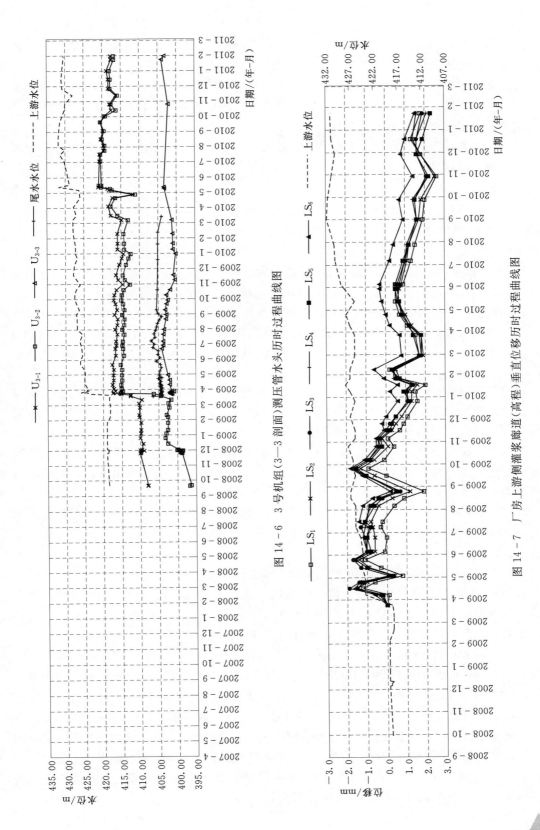

图 14-6 3 号机组（3-3 剖面）测压管水头历时过程曲线图

图 14-7 厂房上游侧灌浆廊道（高程）垂直位移历时过程曲线图

（5）接头坝段的基础面渗压受尾水水位回渗影响，未表现出与库水位波动明显相关性，而更接近尾水水位的波动规律。

（6）靠近高填方区的测压管渗压普遍偏大，泄洪闸段至面板坝渗压逐渐减小，该情况表明，高填方区基础变形造成该区域防渗系统存在薄弱环节，好在各测点渗压是随库水位稳定波动，尚未见突变等异常。

（7）左坝肩有个别孔渗压水头较高，但各测孔水位均未见随库水位波动迹象，且发展稳定、收敛，渗透是安全的。

14.3.4 变形监测分析

（1）垂直位移。厂房上游侧灌浆廊道底板上从左至右分布有 LS_1、LS_2、LS_3、LS_4、LS_5、LS_6 六个垂直变形测点，垂直位移历时过程曲线见图 14-7。4 号机左侧观测廊道布置有 LS_1、LS_7、LS_8、LS_9 四个垂直位移测点，垂直位移历时过程曲线见图 14-8。

1）一期蓄水后，总体趋势是有 2mm 以内的微弱沉降，期间有些变动调整，均系正常反应。二期蓄水后，又有约 1mm 的总体沉降，过程稳定协调。

2）各机组坝段间沉降变形基本连续协调，且量值较小，在正常允许范围内。

（2）水平位移。右岸基岩坝段顶部上游侧。右岸基岩坝段（厂房、安装间、接头坝）顶部上游侧分布有 LD_2、LD_3、LD_4、LD_5、LD_6、LD_7 六个水平位移测点，用来观测顺水流向（Δx，下游为正）和坝轴向水平位移（Δy，左岸为正）。

1）顺水流向水平位移。除 LD_2 有 2mm 左右的向上游位移，其余各测点均有不同程度的步调一致的向下游位移。2010 年夏季存在较明显向上游膨胀的特征。中间的 1～3 号机组坝段位移大于两端坝段，相互间连续、协调，无突变，最大值为 11.2mm，但自 2009 年冬季以来，位移至 8mm 以内，目前大约在 5mm 以内。各测点在 2009 年 4 月一期蓄水时，有 2～3mm 不等的向下游突变位移，此后未表现出明显的库水位相关性，似乎更与季节相关，即夏季多向上游变位、冬季向下游位移（见图 14-9）。

2）坝轴向水平位移。除 3 号、4 号机组坝段偶有向右岸的微弱位移，其余各点基本均有 0～5mm 的向左岸位移，并且，基本表现温降时段向左岸变位，气温回升时向右岸位移（见图 14-10）。

（3）小结。结合其沉降和平面变形数值，其变形呈现下列特征：

1）总体上，右岸基岩坝段（厂房、安装间、接头坝）的外观变位（垂直变位、水平变位、缝隙开合度等）量值都不大，在工程的正常响应范围内，且相互之间变位比较连续、协调，因此，这部分建筑的变形安全有充分保障。

2）1～4 号冲砂闸紧挨 4 号机组坝段建在填方软基上，从左到右，填筑深度逐渐加大，最深处近 50m，造成这些建筑物间以及与其相邻的岩基坝段的强烈的不均匀沉陷；软硬基相接处，1 号闸右边墩上游侧最大沉降差 10.5cm、下游侧最大沉降差 13cm，且仍有继续发展趋势；该部位的测缝计很早即发生测值快速扩大，随即失效的现象，也印证了该处变形剧烈。这种变形特征，已将该缝面垂直止水、闸前缘与铺盖间的止水等关键构件置于极其危险的境地，建议各建设单位尽快组织检查，并采取有效措施阻止该不均匀沉陷继续扩大。

3）5 号冲砂闸及二期工程的泄洪闸、面板坝建于原状砂卵石地基上，其外观变形均处在同类水工建筑的允许范围内，目前是安全的。

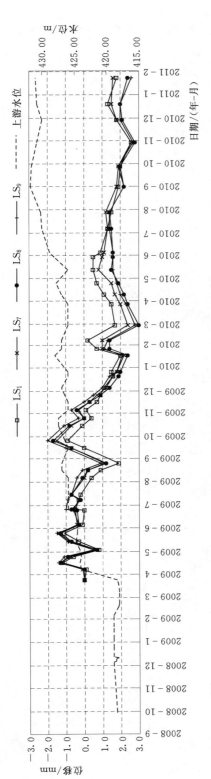

图 14－8　4号机左侧观测廊道（K—K）垂直位移历时过程曲线图

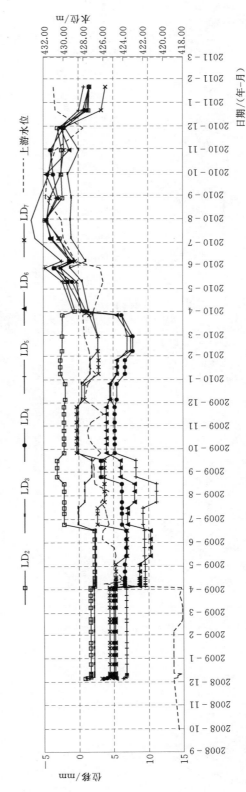

图 14－9　右岸基岩坝段顶部上游侧顺水流向水平位移过程曲线图

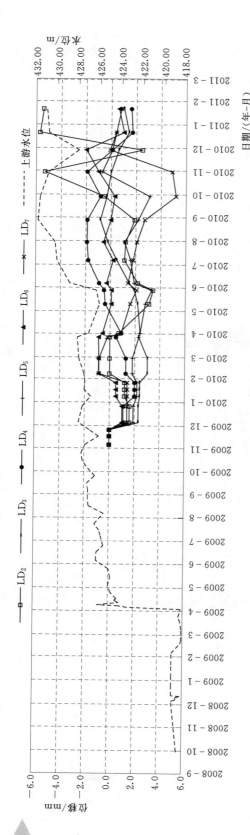

图 14 - 10 右岸基岩坝段顶部上游侧坝轴向水平位移过程曲线图（向左岸为正）

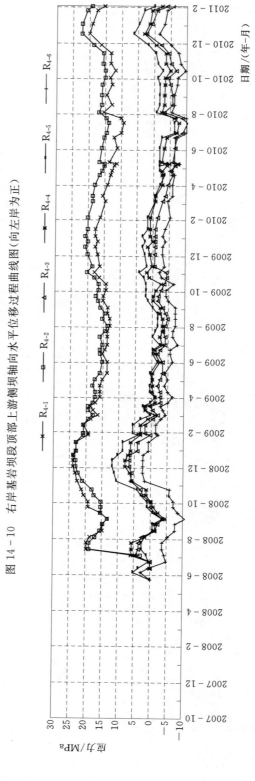

图 14 - 11 冲砂闸牛腿应力区钢筋计测值变化过程曲线图

4）防渗墙在一期蓄水前，由于基础压缩效应向上游逐步变位；蓄水后，上游压力增加，开始向下游变位。同时，存在温度周期波动效应；二期工程7—7断面的变幅最大，达到4cm。值得警惕的是，2010年10—12月，顶部的三个测点IN_2、IN_1、IN_3依次突变至最大值16.29cm、7.45cm、1.58cm后，仪器失效，推断该部位发生了较大向下游的变形。

14.3.5 内部监测分析

（1）各钢筋计均随季节温度变化而周期波动，高温季节压应力增大，低温季节拉应力增大，规律正常，表明钢筋计监测系统可靠。

（2）闸墩上牛腿应力区中上部呈拉应力，最大约25MPa；中下部随时间呈拉压应力交替状况，在$-10\sim10$MPa之间波动（见图14-11）。总体上应力水平在钢筋允许强度范围内，此处结构应力安全。

（3）闸墩底部应力基本处于受压状态，波动相对较稳定；中墩应力水平低，有些时候甚至有微拉应力状态，而边墩为超过45MPa的压应力，目前仍有增加趋势（见图14-12）。

（4）闸底板顶面应力在$-35\sim25$MPa间变化，靠边墩一侧呈最大35MPa压应力状态，靠中墩侧多呈最大20MPa的拉应力状态，左侧孔中部应力在$-15\sim5$MPa间交替，右侧孔中部在$0\sim25$MPa拉应力间交替，呈现出左右不平衡现象，怀疑与1~4号冲砂闸不均匀沉陷有关（见图14-13）。

（5）闸底板底面三个钢筋计均呈受压状态，应力在$0\sim-20$MPa间波动。

（6）总体上，冲砂闸钢筋应力测值均在钢筋允许强度范围内，变化波动规律明确、稳定，无突变及其他异常现象，目前结构应力是安全的。但左右孔呈现不平衡状态，且右边墩处有两只仪器已损坏，怀疑与1~4号冲砂闸剧烈的不均匀沉陷有关，建议配合该部位的外观变形观测密切关注应力发展趋势，实时进行安全评估。

14.3.6 结论与建议

通过对沙湾水电站监测资料的分析，绘制效应量的过程线、特征值和分布图表，分析了影响沙湾水电站建筑物相应特征的典型环境量及其作用的一般规律和变化特征，得出下列简要结论与建议：

（1）渗流监测分析。

1）河床建筑物渗流基本正常，坝轴线防渗系统阻渗效应显著，但因为厂房坝段坝趾处，未设置下游帷幕，尾水水位存在对基础面的顶托、反渗现象，造成厂房坝段基础面扬压力较大，帷幕扬压力折减系数较大。

2）厂房坝段基础混凝土材料分界面存在渗压，尤其上游侧渗压水头较高，需密切观测。

3）高填方区的冲砂闸、泄洪闸测压管渗压普遍偏大，泄洪闸段至面板坝渗压逐渐减小，该情况表明，高填方区基础变形造成该区域防渗系统存在薄弱环节，好在各测点渗压是随库水位稳定波动，尚未见突变等异常。岩基厂房坝段与软基冲砂闸间存在强烈不均匀沉陷，闸基下若干扬压力测孔渗压较高，疑局部止水构造已遭破坏，建议进一步核查。

（2）变形监测分析。

1）右岸基岩坝段（厂房、安装间、接头坝）的外观变位（垂直变位、水平变位、缝隙开合度等）量值都不大，在正常响应范围内，且相互之间变位比较连续、协调。因此，

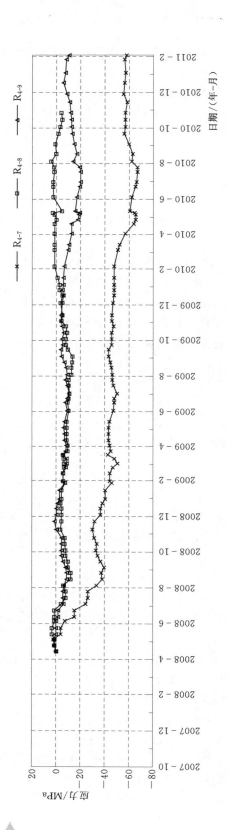

图 14 - 12　闸墩底部钢筋计测值变化过程曲线图

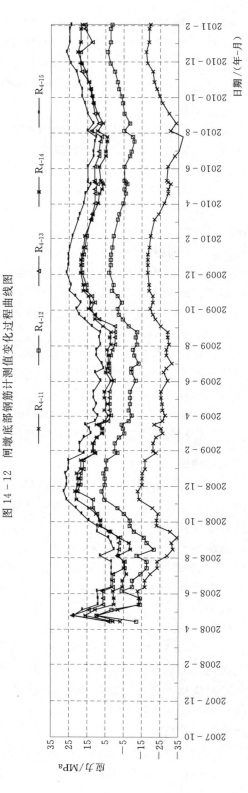

图 14 - 13　闸底板顶面钢筋计测值变化过程曲线图

这部分的建筑的变形安全是有充分保障的。

2）1～4 号冲砂闸紧挨着 4 号机组坝段建筑在填方软基上，从左到右，填筑深度逐渐加大，最深处近 50m，造成这些建筑物间以及与其相邻的岩基坝段的强烈的不均匀沉陷；软硬基相接处，1 号冲砂闸右边墩上游侧最大沉降差 10.5cm、下游侧最大沉降差 13cm，且仍有继续发展趋势；该部位的测缝计很早即发生测值快速扩大，随即失效的现象，也印证了该处变形剧烈。这种变形特征，已将该缝面垂直止水，闸前缘与铺盖间的止水等关键构件置于极其危险的境地，建议参建各单位尽快组织检查，并采取有效措施阻止该不均匀沉陷继续扩大。在外部变形监测资料分析中，发现某些测点测值背离常规，疑系仪器故障或线缆被反接，建议进一步核查，以确保安全监测系统可靠运行。

3）5 号冲砂闸及二期工程的泄洪闸、面板坝建于原状砂卵石地基上，其外观变形均处在同类水工建筑的允许范围内，目前是安全的。

4）基岩坝段测缝计开合度监测值在固结灌浆时段内呈现波动，个别测点有所变化，在设计允许的范围内，在灌浆结束后较稳定；高填方区建筑的相关测缝计测值较大，那些变形剧烈部位的测缝计已超量程，损坏失效；二期工程的测缝计、三向测缝计、面板脱空监测数值均正常。

5）防渗墙在一期蓄水前，由于基础压缩效应向上游逐步变位；蓄水后，上游压力增加，开始向下游变位，同时存在温度周期波动效应。

（3）内部应力监测分析。

1）总体上，接头坝、主厂房和安装间等部位，应变及应力水平在混凝土承受范围内，发展基本稳定，分布特征符合岩基上重力坝规律，安全可靠。从建基面坝踵、坝趾处拉应变数值来看，估计有拉应力超标问题。建议进一步核对这些应变计的监测精度，并确定防渗墙混凝土的准确弹性模量，以便进一步准确评价。

2）冲砂闸、泄洪闸及面板钢筋应力测值均在钢筋允许强度范围内，变化波动规律明确、稳定，无突变及其他异常现象，结构应力是安全的。

3）低弹性模量塑性混凝土防渗墙应力规律与测斜仪测值规律吻合，拉应力量值不大，最大约 0.5MPa。

4）尾水渠反坡段右边墙处锚杆应力在材质允许强度范围内，无异常突变，结构基本安全，但需注意：锚杆拉应力值仍有发展趋势，与该处基底压应力计 C_4 早已超量程损坏情况是吻合的。因此，该部位的变形与应力尚不稳定，建议在该边墙顶部增设外部变形观测点（若该现象系右岸高边坡变形引起，则该外部变形观测点的坝轴向位移能敏感反应），配合起来给予密切关注，实时安全分析评价。

14.4 瀑布沟水电站地下厂房工程监测

14.4.1 工程概况

瀑布沟水电站位于大渡河中游、四川省汉源县及甘洛县境内，下游距已建的龚嘴、铜街子水电站分别为103km、136km。坝址下游右岸有尼日河汇入，从汇合口沿尼日河上行有公路到甘洛县城，公路里程34km。水电站枢纽由砾石土心墙堆石坝、左岸地下厂房系统、左岸岸边开敞式溢洪道、左岸泄洪洞、右岸放空洞及尼日河引水工程等工程项目和建筑物组成。工程等别为Ⅰ等工程，主要水工建筑物为1级。左岸地下厂房系统包括进水口、压力管道、主（副）厂房、主变洞、尾水闸门室、尾水管及其连接洞、尾水隧洞及开关站等建筑物。厂房装机共6台，单机容量55MW，总装机容量330MW。

瀑布沟水电站地下厂房标段观测工程部位主要有进水口、引水系统进水口山体边坡观测、引水隧洞、主（副）厂房及安装间、主变室、尾闸室、尾水隧洞及尾水出口边坡等。

14.4.2 主要监测项目

主要观测项目和部位：厂房进水塔观测，引水系统进水口山体边坡观测，引水隧洞观测，主（副）厂房以及安装间、主变室、尾水闸门室观测，尾水隧洞观测，尾水洞出口边坡观测。瀑布沟水电站地下厂房原型观测项目见表14-4。

表14-4   瀑布沟水电站地下厂房原型观测项目一览表

工程部位	观测范围	监测项目	监测仪器和设备
进水口	边坡	坡体变形	多点位移计、测斜仪
		支护应力	锚杆应力计、锚索测力计
	进水塔	塔基变形	多点位移计、基岩变位计
		塔基断层、裂隙开度变化	裂缝计
		塔体接缝变化	测缝计、位错计
		环境量（水位）	水尺、自动水位计
引水隧洞	围岩	变形	多点位移计、测缝计
		支护应力	锚杆应力计
		应力应变	钢筋计、钢板计、无应力计和应变计
		渗流渗压	渗压计
地下厂房洞室群	主、副厂房	围岩变形	多点位移计
		支护应力	锚杆应力计、锚索测力计
		渗流渗压	渗压计、量水堰
		岩锚梁变形	测缝计、裂缝计
		岩锚梁受力	钢筋计
		蜗壳与外包混凝土应力	钢筋计、钢板计
		蜗壳与外包混凝土接缝	测缝计
	母线及尾水连接洞	围岩变形	多点位移计
		支护应力	锚杆应力计
	主变室	围岩变形	多点位移计
		支护应力	锚杆应力计、锚索测力计

工程部位	观测范围	监 测 项 目	监测仪器和设备
尾水系统	尾闸室	围岩变形	多点位移计
		支护应力	锚杆应力计、锚索测力计
	尾水隧洞	围岩变形	多点位移计
		支护应力	锚杆应力计
		混凝土衬砌应力	钢筋计
		渗流渗压	渗压计
		环境量（水位）	自动水位计、水尺
	尾水边坡	边坡岩体变形	多点位移计
		支护应力	锚杆应力计、锚索测力计

（1）引水隧洞。该部位共埋设 18 套多点位移计、10 支测缝计、18 套锚杆应力计、18 支钢筋计、6 支钢板计、2 套无应力计、4 支应变计、10 支渗压计。

（2）主（副）厂房及安装间。该部位共埋设 93 套多点位移计、32 支测缝计、8 支裂缝计、128 支锚杆应力计、35 套锚索测力计、59 支钢筋计、8 支渗压计。

（3）母线及尾水连接洞。该部位共埋设了 21 套多点位移计、21 支锚杆应力计。

（4）主变室。该部位共埋设 38 套多点位移计、34 支锚杆应力计。

（5）尾闸室。该部位共埋设 30 套多点位移计、30 支锚杆应力计、14 套锚索测力计。

14.4.3 施工期监测成果

施工期监测主要介绍瀑布沟水电站引水发电系统。

（1）引水隧洞。

1）变形监测成果。由该部位变形监测成果可以看出，隧洞围岩变形普遍在 10mm 以内，最大变形为 9.37mm，位于 2 号引水洞下平段处，目前测值已稳定。测缝计的监测数据表明衬砌与围岩大部分结合良好，不过（管 5）0+331 部位的 J_7 测值显示衬砌与围岩之间有较大张开，查阅现场施工记录，这是由该部位在进行固结灌浆时引起的。

2）应力应变监测成果。由该部位应力监测成果可以看出，围岩支护应力普遍较小，绝大部分锚杆应力计的测值在 100MPa 以内，其中 R^r_{18} 测值为 354.991MPa，位于 4 号引水洞上平段，测值已稳定。钢筋计的测值在 $-150\sim50$MPa 之间，钢筋计应力有较大变化是由该部位在进行固结灌浆时引起的，钢板计的最大测值为 1843.26$\mu\varepsilon$。

（2）主（副）厂房及安装间。

1）变形监测成果。由主（副）厂房围岩变形表现为顶拱较小、边墙较大的特点。顶拱（高程 706.38m）10 个监测点中，变形在 10mm 以内的占 90%；拱腰（高程 700.00m）8 个监测点中，6 个部位的变形在 10mm 以内，拱座（高程 698.70m）20 个监测点中，8 个部位的变形在 10mm 以内，11 个部位的变形在 $10\sim20$mm 之间。在上下游边墙高程 690.60m、高程 679.20m 和高程 669.85m 中，岩锚梁（高程 690.60m）部位岩体变形最大，变形在 $10\sim30$mm 之间的占 45%，变形在 $30\sim40$mm 之间的占 25%，变形超过 40mm 的占 15%。

围岩变形超过 40mm 的监测部位有：桩号 0＋010 上游岩锚梁 $M^4 64$❶ 处、桩号0＋049.6 下游岩锚梁 $M^4 23$ 处、桩号 0＋0115.6 下游岩锚梁 $M^4 82$ 处和桩号 0＋100 下游岩锚梁 $M^4 74$ 处。

0＋100.0 断面下游岩锚梁部位围岩变形与主（副）厂房其他多点位移计不同，4 个测点深度分别为：22.5m、28.5m、34.5m、39.5m，最深测点离主变室上游边墙约 4m，距离较近，因而仪器的测数不仅反映了主（副）厂房下游边墙的变形，而且还反映了主变室上游边墙的变形，受主（副）厂房和主变室开挖施工的综合影响。同时，导致该部位围岩变形较大还有一个重要的因素，是有两条断层通过岩体。该部位岩体变形主要集中在 2006 年 11 月至 2007 年 4 月，$M^4 74$（量程）变形从 10mm 增至 100mm，其后趋于收敛，从蓄水到 2011 年 11 月期间，测值已平稳，表明该部位围岩变形已收敛，岩体处于稳定状态。

地下洞室围岩变形主要受两个方面的影响：①开挖施工影响，爆破施工影响尤其明显；②地质因素影响，尤其是结构面对变形的控制作用更加突出。另外洞室结构布置形式和地下洞室群开挖施工的相互作用也对变形造成一定影响。具体分析如下：

开挖施工影响。围岩变形过程与安全监测部位附近的开挖放炮、施工扰动密切相关，是变形发生的外部因素。以 0＋148.6 断面上游岩锚梁附近的多点位移计 $M^4 39$ 实测位移的增长受开挖影响密切。在主厂房Ⅳ层、Ⅴ层、Ⅵ层开挖期间，即从开挖高程 684.50m 下降到 663.00m，围岩变形量为 25mm 左右，占总变形量的 60％以上。围岩变形突变与厂房台阶开挖有明显的关联性，过程明显具有"台阶"状的特征。当附近进行高强度的开挖时，变形就明显的"跃升"；当附近没有进行施工时或施工影响小时，变形处于平缓。围岩变形反应稍滞后于施工开挖。随着施工完成，变形也趋于稳定。开挖施工对变形的影响还表现在同一断面不同高程的变形存在明显的差异。具体表现在同一时间段内高程较高的部位变形、应力增量较小，高程较低的部位变形、应力增量较大。这是由于下卧开挖中，距离掌子面越近的部位受开挖施工影响就越大。因此，变化幅度越大，是符合现场围岩变形规律的。其他部位围岩变形具有同样的规律，随着施工强度的减弱直至完成，围岩变形速率也降低直至收敛。目前，主（副）厂房变形已经收敛，围岩处于稳定状态。

地质因素影响。岩体被各种地质结构面切割，属于非连续不均匀的介质体，其力学特征和行为区别于连续介质体。因此，岩体的变形特征与地质条件密切相关，特别是结构面对其的影响尤其显著，属于岩体变形的主要内部因素。

地下洞室群变形分布特征与断层岩脉等结构面存在密切联系。以下游边墙 0＋50～0＋150 段高程 688.00m 处的 3 套多点位移计为例，下游边墙变形分布见图 14－14，其孔深曲线见图 14－15。

从图 14－14、图 14－15 中可以看出，监测段是否有岩脉断层通过，变形特征完全不同。$M^4 28$ 和 $M^4 74$ 测孔均有岩脉断层通过，开挖施工过程中测孔的变形基本上由岩脉断层通过的测段变形构成，且变形量级大，孔口变形分别达到了 47.94mm 和 74.39mm。而

---

❶ 多点位移计 $M^4 64$ 中"4"表示 4 个测点，"64"表示这套仪器偏号，"M"表示多点位移计。

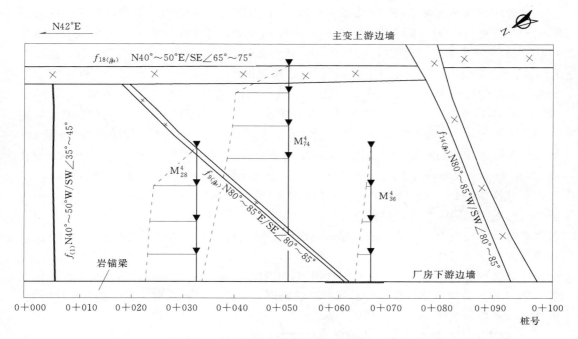

图 14-14　下游边墙变形分布图（0+000～0+100）

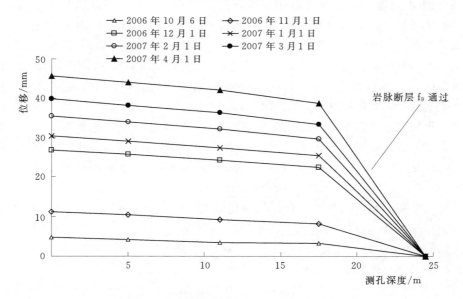

图 14-15　多点位移计 M_{28}^4 变形—孔深曲线图

M_{36}^4测孔无岩脉断层通过，其变形量级比较小。由此可见，结构面对岩体变形量级的控制作用非常明显。另外，从同一测孔各测点变形分布看，变形在岩脉断层等结构面处有明显分区现象，其中的 M_{36}^4 变形—孔深曲线表现为随深度方向变形变化比较均匀，没有分区现象发生。这些变形较大部位是由于洞室开挖后，围岩向临空面卸荷，导致断层岩脉等结构面张开，因而产生较大位移。

测缝计的监测成果显示，绝大部分仪器的测值都在 1mm 以内，表明岩锚梁与洞室边墙围岩结合良好，仅有下游岩锚梁桩号 0+105～0+120 间曾在 2007 年 3 月发现裂缝，其中桩号 0+105～0+115 裂缝宽度比较大，宽约 2cm，桩号 0+115～0+120 裂缝宽度约 1cm。该段内桩号 0+115 布置有测缝计 J_{12}，相邻桩号 0+082.6、0+115.6 和 0+148.6 布置有多点位移计 $M^4 28$、$M^4 36$ 和 $M^4 45$。

2007 年 3 月在主（副）厂房下游岩锚梁桩号 0+109～0+119 附近出现开裂现象，由观测数据表明，J_{12} 在 2006 年 11 月至 2007 年 5 月间测值从 1mm 增至 20mm，相邻部位的多点位移计也在此期间测值迅速增大，但增幅不一致，桩号 0+082.6 处断面的多点位移计 $M^4 28$ 测值增大 40mm 左右，桩号 0+148.6 处断面的多点位移计 $M^4 28$ 增大 25mm 左右，而桩号 0+115.6 处断面的多点位移计 $M^4 28$ 仅增大约 10mm。正是下游边墙围岩向洞室空间的不完全同步变形，挤推整体性较好的岩锚梁，从而在岩锚梁与岩壁间自下而上引起逐渐增大的拉应力，再加之施于此部位连接岩锚梁与岩壁斜向上的锚杆支护可能失效，最终导致其中上部拉裂脱开。

针对这种情况，采取了锚筋桩等加强支护措施，从后期各监测仪器的测值变化曲线来看，2007 年 5 月以后多点位移计和测缝计的测值一直处于平稳状态，表明补强措施有效，围岩变形趋缓，截至 2011 年 11 月，围岩变形已收敛。

2）应力、应变监测成果。由有效锚杆应力计的监测成果得出，有效测点共计 148 个，其中，93 个测点的监测应力在 100MPa 内，占 63.38%，18 个测点的监测应力在 100～200MPa 之间，占 13.24%，14 个测点的监测应力在 200～310MPa，占 10.29%，11 个测点的监测应力超过 310MPa（锚杆应力计量程为 310MPa），占 8.09%。桩号 0+16.6 和桩号 0+148.6 的锚杆应力计 R^r_{13} 和 R^r_{46}，测值分别达到 390.70MPa 和 358.84MPa，由观测数据可以看出，2006 年 5 月以前锚杆 R^r_{13} 的应力增长迅速，锚杆 R^r_{46} 的应力增长集中在 2006 年 9 月至 2007 年 8 月期间，其后测值都趋于平缓。

从而获得的监测数据看，各部位仪器测值平稳，表明围岩变形已收敛，但有少量锚索存在应力超过设计吨位较大的现象，如 2011 年 11 月桩号 0+016.6 处断面的 PR_4、桩号 0+115.6 处断面的 PR_{17}、桩号 0+148.6 处断面的 PR_{20}，锚索测力计的测值分别为 2567.75 kN、2598.46kN 和 2452.79kN（设计吨位 2515kN）。

支护结构的应力情况与变形一样，与现场施工、地质情况密切相关，随着开挖施工的完成，支护措施的受力也趋于平稳。

3）渗透压力监测成果。截至 2011 年 11 月，渗压均小于 0.25MPa。

（3）母线及尾水连接洞。

1）变形监测成果。由该部位围岩变形监测成果得出，绝大部分监测部位岩体变形在 20mm 以内，最大变形位于 1 号尾水连接洞右侧边墙厂（纵）桩号 0+048.5 处断面，多点位移计 $M^4 91$，目前测值为 47.42mm，表现为深部变形特征，变形主要集中在 2007 年 6—10 月期间，其后变形增长趋缓，逐渐收敛。

2）应力、应变监测成果。绝大部分监测部位岩体支护应力在 100MPa 以内，应力水平总体较低，最大支护应力为 218.84MPa。

（4）主变室。

1）变形监测成果。由该部位有效仪器的围岩变形监测成果来看，绝大部分监测部位岩体变形在 25mm 以内，最大变形位于下游边墙桩号 0＋049.6 处断面，多点位移计 M^3 13目前测值为 65.02mm，表现为深部变形特征，变形主要集中在 2007 年 9 月至 2008 年 1 月期间，其后变形增长趋缓，逐渐收敛。究其原因，是因为多点位移计 M^3 13最深的测点深度为 24.5m，距尾闸室上游边墙仅约 8.5m，这样就造成主变室多点位移计的测值受前期主变室开挖和后期尾闸室开挖施工的综合影响，这种现象也普遍存在于主变下游边墙的其他位移监测仪器。

2）应力、应变监测成果。绝大部分监测部位岩体支护应力在 100MPa 以内，应力水平总体较低，仅有桩号 0＋049.6 和桩号 0＋213.1 两断面的 R^1_{13} 和 R^2_5 测值较大，分别达到 341.17MPa 和 436.78 MPa，但测值均早已趋于平稳，变形主要在施工期，从蓄水到 2011 年 11 月，测值无明显变化。

（5）尾闸室。

1）变形监测成果。由多点位移计的监测成果，可知多点位移计的测值不大，绝大部分在 10mm 以内，最大的位移为 70.76mm。

由该部位有效仪器的围岩变形监测成果来看，绝大部分监测部位岩体变形较小，但上游边墙桩号 0＋049.6 处断面围岩变形较大，多点位移计 M^4 10、M^4 11 的测值分别达到 70.76mm、59.58mm。其中 M^4 17 的测值变化比较大，已经达到 69.26mm。变形较大是因为尾闸室下部开挖卸荷使通过该监测断面的断层 f_{19} 张开所致。2007 年 11 月以后测值变化趋于平缓，围岩变形逐渐收敛，变形主要在施工期。

2）应力应变监测成果。大部分监测锚杆应力较小。下游边墙桩号 0＋170 处断面的监测锚索 PR_{13} 和 PR_{14} 应力超过设计吨位的现象突出，测值分别达到 2643.60kN 和 2747.53kN，在施工期已对该部位采取了补强措施。

14.4.4 初步结论

（1）引水隧洞。截至 2011 年 11 月，引水隧洞围岩变形在 10mm 以内，目前变化均已稳定，锚杆支护应力大部分在 100MPa 以内，表明该部位围岩已经稳定；钢筋混凝土衬砌中钢筋应力计在 －150～50MPa 之间，随着引水隧洞压力钢管的安装、洞身钢筋混凝土的浇筑、洞身固结灌浆作业，使得洞身围岩获得支撑、受力情况改变，虽然水电站蓄水水位反复升降并受 1～6 号机组发电运行的影响，但引水隧洞监测成果表明，其应力应变变化很小。安装在已经充水发电作业的 5 号机组引水隧洞下平段的渗压计，在钢衬段起点之前和阻水帷幕之前的渗压计会随着水位有所变化，但是在钢衬段起点和阻水帷幕之后的渗压测值基本没有变化，说明在 5 号机组引水隧洞中钢衬效果和阻水帷幕工作状况良好。安装在已经充水发电作业的 2 号机组引水隧洞下平段的渗压计，在阻水帷幕之前的渗压计会随着水位有所变化，在阻水帷幕之后的渗压测值也随着水位有所变化，但变化值没有帷幕前观测到的渗压值大，说明在 2 号机组引水隧洞中钢衬效果和阻水帷幕后有渗压作用，相比 5 号引水隧洞中钢衬效果和阻水帷幕，在 2 号机组引水隧洞中的钢衬效果和阻水帷幕工作状况较差，即引水隧洞的原型观测仪器成果呈现整体上稳定的状态。从安装在已经完成充水发电作业，并且正在运行的 2 号机组引水隧洞下平段的渗压计观测来看，在阻水帷幕之后的渗压测值受到充水和水库水位上升的影响，阻水帷幕工作状况不好。从安装在已经完成充水发电作业，并且正在运行的 5 号机组引水隧洞下平段的渗压计观测来看，在阻水帷幕之后的渗压测值基本没有受到充水和水库水位上升的影响，阻水帷幕工作状况良好。

（2）主（副）厂房及安装间。在所有的监测部位中，围岩变形量在 40mm 以内的占 95％，个别部位变形较大（达 80mm）主要是受局部不良地质条件（断层、岩脉）影响所致，2007 年 10 月以后，各部位岩体变形基本趋于收敛；支护应力的监测成果显示：锚杆以受拉为主，75％以上锚杆测点的测值在 200MPa 以内，锚索预拉应力锁定情况良好，个别锚索测力计测值超过设计吨位。测缝计测值未见异常变化，表明上下游岩锚梁与洞室边墙结合良好；内部钢筋受力基本在 $-50 \sim 50$MPa 以内，预留结构缝变化较小（1mm 以内），桥机运行通畅。

地下厂房围岩变形及支护结构的应力变化与现场开挖施工进度、相应部位的地质条件及洞室的结构布置情况密切相关，其中开挖施工属于外部因素，地质条件属于内部因素。随着地下洞室群开挖施工强度的减弱直至施工完成，变形和应力变化幅度也逐步减小直至收敛。从现场监测情况来看，变形应力的增长主要出现在洞室施工期，截至 2011 年 11 月，主（副）厂房主体开挖施工早已完成，变形应力测值也一直处于平稳状态，监测成果综合表明主（副）厂房洞室岩体已稳定。

（3）母线及尾水连接洞。围岩变形较小，绝大部分监测部位岩体变形在 20mm 以内，在 2011 年 11 月，已收敛，锚杆最大支护应力为 218.84MPa，应力水平总体较低。变形和支护应力的监测成果表明该部位围岩已稳定。

（4）主变室。围岩位移量大都在 25mm 以内，仅有下游边墙部位埋设的多点位移计，因受前期主变室和后期尾闸室开挖施工的综合影响，测值较大，但其变化均早已趋于平稳；绝大部分监测部位岩体的支护应力在 100MPa 以内，应力水平总体较低，综合变形和支护应力的监测成果，截至 2011 年 11 月，主变室围岩已稳定。

（5）尾闸室。围岩位移量总体不大，仅上游边墙桩号 0＋049.6 附近部位岩体受断层 f_{19} 影响，多点位移计 $M^4 10$、$M^4 11$ 和桩号 0＋115.6 的 $M^4 17$ 监测部位围岩累计变形较大，但测值变化已平稳；锚索应力监测成果表明下游边墙桩号 0＋170 附近围岩支护应力前期增长较快，超出设计吨位的现象较为突出，在 2011 年 11 月测值已平稳，综合变形和支护应力的监测成果，认为尾闸室围岩已基本稳定。

对超量程部位的锚索测力计，按照相关技术要求，进行了补装锚索，根据周围的仪器观测显示，截至 2011 年 11 月，尾闸室围岩基本稳定。

14.5 锦屏一级水电站双曲拱坝工程监测

14.5.1 工程概况

锦屏一级水电站位于四川省凉山彝族自治州木里、盐源、冕宁三县交界处，系雅砻江中下游从卡拉至江口河段的龙头水库电站，是雅砻江干流中下游水电开发规划的控制性水库，在雅砻江梯级滚动开发中具有承上启下的重要作用。工程以发电为主，兼有分担长江中下游地区防洪等功能，水库具有年调节能力，对下游梯级补偿调节效益显著。工程属大（1）型Ⅰ等工程，永久性主要水工建筑物为 1 级建筑物。

锦屏一级水电站主要水工建筑物由混凝土双曲拱坝（坝身 4 个表孔＋5 个深孔＋2 个放空底孔）、坝后水垫塘及二道坝、右岸 1 条有压接无压泄洪洞及右岸中部地下厂房等组成。坝顶高程 1885.00m，坝基最低建基面高程 1580.00m，最大坝高 305.0m，坝顶宽度 16.0m，坝底厚度 63.0m，厚高比 0.207。水库正常蓄水位 1880.00m，死水位 1800.00m，正常蓄水位以下库容 77.6 亿 m³，调节库容 49.1 亿 m³。水电站装机容量 3600MW（6×600MW），保证出力 1086MW，多年平均年发电量 166.2 亿 kW·h，年利用小时数 4616h。

工程于 2004 年开始前期筹建工作，2006 年 12 月 4 日实现大江截流；2009 年 10 月 23 日开始浇筑大坝混凝土，2012 年 11 月 30 日蓄水，2013 年 8 月 30 日首批两台 60 万 kW 的机组（5 号、6 号）投产发电。

锦屏一级水电站坝址区位于普斯罗沟与手爬沟间 1.5km 长的河段上，河流流向约 N25°E，河道顺直而狭窄，枯期江水位 1635.70m 时，水面宽 80～100m，水深 6～8m。坝区两岸山体雄厚，谷坡陡峻，基岩裸露，相对高差千余米，为典型的深切 V 形谷，岩层走向与河流流向基本一致，左岸为反向坡，右岸为顺向坡。坝址区主要由杂谷脑第二段（T_{2-3z^2}）大理岩组成，仅左岸坝肩上部涉及部分第三段（T_{2-3z^3}）砂板岩。

坝址区位于锦屏山断裂西侧 2km，三滩倒转向斜之南东翼（正常翼）。岩体内层面、层间挤压错动带、断层及节理较发育。坝区断层规模较大且与工程关系较密切的有 f_5、f_8、f_2、f_{13}、f_{14} 等断层。优势节理裂隙共有 5 组，除层面裂隙外，其余 4 组均为陡倾裂隙。坝址区两岸岩体卸荷强烈，除常规浅层卸荷外，在左岸还发育有深卸荷（深部裂缝）。坝址区为高地应力区，左右岸实测地应力最高达 35.7～40.4MPa。

14.5.2　安全监测仪器布置

为掌握大坝在蓄水期和运行期的工作状况，同时验证设计理论，锦屏一级水电站混凝土双曲拱坝设置如下监测项目：

（1）变形监测：包括坝体及坝基水平变形、坝体及坝基垂直变形和倾斜。大坝变形监测设施布置见表 14-5。

1）坝体及坝基水平变形采用的监测仪器包括垂线系统、外观墩、GPS 观测墩、弦长观测墩、引张线、多点位移计。

2）坝体及坝基垂直变形和倾斜采用的监测仪器包括水准点、静力水准、双金属标。

表 14-5　　　　　　　　　　　　大坝变形监测设施布置表

监测项目	监测仪器	数量	埋设部位
坝体水平变形	垂线系统	10 组（正垂线 40 条、倒垂线 13 条）	设置于 5 号、9 号、11 号、13 号、16 号、19 号、23 号坝段、左岸垫座、左右岸坝基
	坝后及坝顶观测墩	18 个	对应垂线测点
	GPS 观测墩	10 个	对应垂线测点
	弦长观测墩	10 个	高程 1664.00m、高程 1730.00m、高程 1785.00m、高程 1829.00m、高程 1885.00m

监测项目	监测仪器	数　量	埋设部位
坝体垂直变形和倾斜	水准点	6条线237个	坝顶、高程1829.00m、高程1785.00m、高程1730.00m、高程1670.00m、高程1601.00m廊道、坝体监测支廊道
	静力水准	2条线128个	高程1829.00m、高程1601.00m廊道，坝体监测支廊道
	双金属标仪	10套	拱坝9号、12号坝段
坝基变形	多点位移计	10套	6号、9号、12号、13号、15号、20号坝段
右岸抗力体顺河向水平变形	引张线	5套	高程1829.00m、高程1785.00m、高程1730.00m、高程1670.00m、高程1601.00m灌浆平洞内
左岸抗力体顺河向水平变形	引张线	5套	高程1829.00m、高程1785.00m、高程1730.00m、高程1670.00m、高程1601.00m灌浆平洞内

（2）渗流渗压监测：渗压计、测压管、量水堰以及水位孔等。

（3）应力应变及温度监测：锚杆应力计、钢筋计、锚索测力计、无应力计、应变计（组）、温度计（含混凝土温度计和水温度计）等。

（4）环境监测：气象仪（含温度、湿度、风速风向、降雨等传感器）、坝前水位计等。

（5）专项监测：强震监测、水力学监测、雾化监测等。

锦屏一级水电站混凝土双曲拱坝共布置监测仪器和设施3479套（4373支），仪器和设施有垂线系统（正垂线40条、倒垂线13条）、双金属标10套、外观测点（水平位移测点39个、精密水准工作基点20个、精密水准测点245个）、多点位移计16套、基岩测缝计102支、横缝测缝计826支、温度计（包括基岩温度计）744支、锚杆应力计43套、钢筋计257支、锚索测力计94台、应变计组（单向、五向、七向和九向）174套、无应力计217支、渗压计161支、绕渗孔（测压管）137个、水尺（包括遥测水位计）15支（个）、量水堰77个、强震监测仪器15套及水力学观测仪器等，大坝监测仪器和设施累计完成3127套（4021支）。锦屏一级水电站双曲拱坝安全监测仪器和设施统计见表14-6。

表14-6　　　　　　锦屏一级水电站双曲拱坝安全监测仪器和设施统计表

序号	项目名称	设计量		完成量		完好数量		完好率/%
		套	支	套	支	套	支	
大坝及坝基	多点位移计	9	52	9	52	8	35	67.31
	基岩测缝计	90	90	84	84	76	76	90.48
	基岩温度计	10	10	10	10	10	10	100.00
	锚杆应力计	11	55	11	55	11	48	87.27
	渗压计	138	138	80	80	78	78	97.50
	水位计	4	4	4	4	4	4	100.00
	绕渗孔（测压管）	104	104	97	97	94	94	96.91
	横缝测缝计	745	745	699	699	667	667	95.42

序号	项目名称	设计量		完成量		完好数量		完好率/%
		套	支	套	支	套	支	
大坝及坝基	单向应变计	13	13	13	13	13	13	100.00
	五向应变计组	119	595	119	595	118	581	97.65
	九向应变计组	30	270	30	270	30	266	98.52
	无应力计	185	185	185	185	177	177	95.68
	温度计	427	427	407	407	405	405	99.51
	强震仪	22	22	15	15	15	15	100.00
	通用底座	3	3	3	3	3	3	100.00
	水尺	4	4	0	0	0	0	—
	量水堰	41	41	15	15	15	15	100.00
	双金属标	10	10	9	9	9	9	100.00
	引张线	9	9	0	0	0	0	—
	静力水准	96	96	46	46	46	46	100.00
	正垂线	40	40	29	29	29	29	100.00
	倒垂线	13	13	13	13	13	13	100.00
	水平位移测点	39	39	8	8	8	8	100.00
	水准工作基点	20	20	20	20	20	20	100.00
	精密水准测点	245	245	219	219	219	219	100.00
	小计	2427	3230	2125	2928	2068	2831	96.69
垫座	温度计	307	307	307	307	302	302	98.37
	渗压计	3	3	3	3	3	3	100.00
	基岩测缝计	12	12	12	12	8	8	66.67
	测缝计	51	51	51	51	47	47	92.16
	七向应变计	12	84	12	84	11	75	89.29
	无应力计	32	32	32	32	30	30	93.75
	锚索测力计	5	5	2	2	2	2	100.00
	二点位移计	1	2	1	2	1	2	100.00
	量水堰计	6	6	0	0	0	0	—
	小计	429	502	420	493	404	469	95.13
坝身泄水孔口	钢筋计	257	257	257	257	246	246	95.72
	锚索测力计	82	82	82	82	78	78	95.12
	小计	339	339	339	339	324	324	95.58
水垫塘及二道坝	多点位移计	6	24	6	24	5	66.67	66.67
	测缝计	30	30	30	30	24	80.00	80.00
	锚杆应力计	32	32	32	32	26	81.25	81.25
	锚索测力计	7	7	7	7	7	100.00	100.00

序号	项目名称	设计量		完成量		完好数量		完好率/%
		套	支	套	支	套	支	
水垫塘及二道坝	渗压计	20	20	7	7	7	100.00	100.00
	遥测水位计	2	2	1	1	1	100.00	100.00
	测压管	33	33	33	33	33	100.00	100.00
	量水堰	30	30	10	10	10	100.00	100.00
	量水堰计	5	5	2	2	2	100.00	100.00
	水力学通用底座	48	48	48	48	45	93.75	93.75
	脉动压力传感器	16	16	16	16	16	100.00	100.00
	振动传感器	50	50	46	46	46	100.00	100.00
	水尺	5	5	5	5	5	100.00	100.00
	小计	284	302	243	261	227	91.19	91.19
合计		3479	4373	3127	4021	3023	3862	96.05

14.5.3 主要监测成果分析

（1）变形分析。

1）坝体径向变形方向整体表现为向下游，拱冠 13 号坝段高程 1664.00m 部位变形最大，变形值 14.12mm，向两岸变形依次减小。变形有一定的不对称性：下部右岸变形稍大于左岸，变形基本协调；上部左岸变形大于右岸，左岸高程 1730.00m 以上有扭曲变形。左、右岸坝基径向变形右岸大于左岸，总体量值较小。

2）坝体切向变形方向左岸向左、右岸向右。左岸 11 号坝段高程 1730.00m 部位变形最大，变形值 3.59mm；右岸 19 号坝段高程 1730.00m 部位变形最大，变形值 -0.84mm。变形不对称，左岸变形大于右岸。坝基切向变形左、右岸均表现为向河床方向，右岸略大于左岸，总体量值较小。

3）坝体垂直变形整体表现为下沉，15 号坝段高程 1730.00m 部位变形最大，变形值 6.53mm，向两岸变形依次减小。变形有一定的不对称性，右岸变形稍大于左岸。坝体垂直变形与水位上升关系不明显。左右岸坝基垂直变形量值较小，左岸坝基高程 1664.00m 垂直变形表现为上抬，变形量 1.5mm 左右，其他部位坝基垂直变形表现为微量下沉。

（2）温度分析。9 号坝段初期最高温度介于 18.1～27.1℃，温度介于 12.8～23.6℃；13 号坝段初期最高温度介于 18.7～34.7℃，温度介于 11.2～20.5℃；19 号坝段初期最高温度介于 19.5～29.9℃，温度介于 13.1～21.0℃，绝大部分介于 11～15℃。

（3）坝基与坝体结合情况。已埋设了 90 支测缝计，其中 73 支测缝计工作正常。第二阶段蓄水前后坝基接缝开合度变化量 -0.77～0.04mm，大部分测缝计开合度变化量表现为微量压缩，基本没有张开变形。压缩量较大的基岩测缝计主要分布在 18～20 号坝段坝趾处，接缝开合度压缩是受上游水压作用的结果。

（4）坝体分缝结合情况。

1）已封拱区域（含垫座）设计布置 525 支测缝计，464 支测缝计工作正常，第二阶段蓄水期间 402 支测缝计开合度表现为不变或压缩，44 支测缝计表现为张开。开合度不变或压缩的测缝计中有 95.27% 的压缩值小于 0.10mm。开合度张开的测缝计中有 88.64% 的张开值小于 0.10mm。第二阶段蓄水前后横缝开合度变化较小。

2）未封拱区域的横缝开合度介于 0.00～2.09mm 之间，各条横缝平均张开度 0.16～1.51mm。89% 的横缝测缝计开合度大于 0.10mm。河床坝段的横缝张开度要大于岸坡坝段。

3）第 28 灌区封拱灌浆前后横缝开合度张开较大的 3 支测缝计均位于 3 号横缝，开合度变化分别为 0.66mm、0.84mm、0.72mm，其他横缝张开值较小。灌浆导致 21 号横缝第 27 灌区中部测缝计 J_{21-17} 张开 0.19mm，第 27 灌区及以下其他横缝在第 28 灌区封拱灌浆前后变化较小。第 28 灌区在封拱灌浆后至第二阶段蓄水末的横缝张开度变化较小，介于 −0.02～0.02mm 间。

4）10 号横缝埋设测缝计 84 支，开度大于 5.00mm 的测缝计有 14 支，全部位于高程 1702.70～1747.70m。最大开度 8.61mm，位于高程 1729.70m 坝体中部。其中第 16 灌区（高程 1715.00～1724.00m）、第 17 灌区（高程 1724.00～1733.00m）的开度最大，平均开度分别为 7.02mm 和 7.40mm。测缝计张开变形发生在混凝土冷却期，开合度与温度呈负相关关系。

第二阶段蓄水期间 10 号横缝测缝计开合度呈收缩变形，在所有横缝开合度压缩量大于 0.10mm 的 19 支测缝计中 10 号横缝占 8 支。横缝开合度最大压缩变化量 −1.10mm，位于 10 号横缝高程 1729.70m 坝踵部位。10 号横缝压缩变形与垂线切向变形监测成果相符。

（5）锚杆应力。14 号坝段锚杆应力计 R_{BJ-7-2}^5 和 15 号坝段的锚杆应力计 $R_{BJ-10-2}^5$ 测值（分别为 −218.52MPa、−311.50MPa）已超仪器量程仅为参考，其他锚杆应力目前测值在 −116.03～271.07MPa 之间，最大拉应力位于 12 号坝段锚杆应力计 R_{BJ-1}^5 孔深 2.5m 处测点，拉应力为 271.07MPa，R_{BJ-1}^5 监测锚杆于 2010 年年初发生拉应力突变，分析认为可能是测点部位存在卸荷裂隙并受坝基固结灌浆影响所致。蓄水期间变化量为 −8.51～15.04MPa，量值较小。

（6）拱座混凝土应力情况。

1）拱坝坝踵。建基面坝踵总体处于受压状态，前期随着浇筑高程的增加，垂直向压应力呈逐渐增大的变化趋势；第二阶段蓄水期间，坝踵垂直向压应力随水位上升逐渐减小，由于水位抬升使得两岸坝段向两岸变形量增大，两岸坝段径切向压应力逐渐增大；1760～1800m 蓄水期间，河床坝段垂直压应力最大减少 0.29MPa（12 号坝段）；截至目前，4 号坝段、5 号坝段、8 号坝段、9 号坝段、12 号坝段、19 号坝段拱座建基面垂直压应力分别为 −2.30MPa、−3.95MPa、−4.36MPa、−4.32MPa、−7.11MPa、−2.55MPa；靠两岸及河床坝段径切向压应力在第二阶段蓄水期总体呈增大趋势。

2）拱坝坝中。拱座建基面坝中总体处于受压状态，前期随着浇筑高程的增加，垂直向压应力呈逐渐增大的变化趋势，第二阶段蓄水期间，随着库水位上升，坝体中上游侧垂直向压应力随水位上升逐渐减小，坝体中部基本保持不变，坝体中下游侧垂直向压应力随水位上升逐渐增大；截至目前，4号坝段、9号坝段、17号坝段、21号坝段拱座建基面垂直压应力分别为—1.37MPa、—4.23MPa、—5.54MPa、—2.05MPa，1760～1800m蓄水期间，垂直压应力最大减少0.21MPa（9号坝段）；拱座坝中径向和切向出现了一定的拉应力，但随着筑坝高度的增加，拱座坝中径向和切向总体向受压方向变化或呈压应力增大的变化趋势，第二阶段蓄水期总体呈压应力增大趋势。

3）拱坝坝趾。①拱座建基面坝趾总体处于受压状态，随着浇筑高程的增加，垂直向压应力呈逐渐增大的变化趋势，尤其是1/4拱至河床坝段；②第二阶段蓄水期间，除5号坝段、19号坝段外，垂直向压应力均逐渐增大，1760～1800m蓄水期间，最大增大量为0.52MPa；大坝径切压应力总体呈增大趋势，但4号坝段坝趾应变计S_{4-3}^5径切向压应力都减小，1760～1800m蓄水期间，分别减少了0.11MPa和0.39MPa，应加强监测分析；③目前，4号坝段、5号坝段、17号坝段、19号坝段、21号坝段拱座建基面压应力分别为—2.03MPa、—1.66MPa、—2.08MPa、—2.64MPa、—1.97MPa，拱座坝趾径切向总体处于受压状态，且压应力呈增大变化趋势。

（7）坝体混凝土应力情况。

1）坝体总体处于受压状态，随着浇筑高程的增加，垂直向压应力呈逐渐增大的变化趋势；第二阶段蓄水期间，随着库水位上升，大坝径切向压应力总体呈增大变化趋势，大坝低高程坝体上游侧垂直向压应力逐渐减小，下游侧垂直向压应力逐渐增大，高高程坝体上游侧垂直向压应力逐渐增大，下游侧垂直向压应力逐渐减小，垂直向压应力最大减少0.82MPa，最大增大量为0.97MPa；坝体径切向压应力呈增大趋势，1760～1800m蓄水期间，最大增加量分别为1.05MPa和1.08MPa。

2）第二阶段蓄水过程中，随着库水位上升，高程1621.40m坝体靠上游侧和中部的径切向压应力逐渐增大，垂直向压应力逐渐减小；高程1648.40m及以上靠上游侧径切向和垂直向压应力均逐渐增大，中部径切向压应力逐渐增大，垂直向压应力变化平稳，但靠下游侧部分应变计组垂直向压应力逐渐减小，应加强监测分析。

3）截至2013年7月21日，坝体各高程垂直向应力如下：①高程1621.40m靠上游侧和中部最大垂直向压应力分别为—8.15MPa、—5.62MPa；高程1648.40m靠上游侧、中部和靠下游侧最大垂直向压应力分别为—6.41MPa、—5.12MPa、—3.10MPa；②高程1684.40m靠上游侧、中部、靠下游侧最大垂直向压应力分别为—5.04MPa、—3.36MPa、—4.33MPa；高程1720.40m靠上游侧、中部、靠下游侧最大垂直向压应力分别为—5.85MPa、—4.88MPa、—2.43MPa；③高程1765.40m靠上游侧、中部、靠下游侧最大垂直向压应力分别为—2.30MPa、—2.05MPa、—3.93MPa。

4）截至2013年7月21日，坝体各径向应力介于—3.29～1.7MPa，切向应力介于—4.58～0.06MPa。

（8）大坝渗压渗流。

1）大坝基础渗透压力。防渗帷幕后渗透压折减系数为$\alpha_1 = 0～0.24$，期间变化量较大的为垫座帷幕后P_{DZ-3}和P_{DZ-2}，受库水上升变化较为明显，与上游水位相关性都较好，蓄水期间渗透压最大增加量分别为352.37kPa和129.39kPa（均发生在2013年8月2日），折减系数分别为0.45和0.64，两测点都超过设计控制指标，现已在渗压计旁安装测压管进行排水减压，目前渗透压分别为 160.65kPa 和 139.23kPa，折减系数分别为 0.21 和 0.56，P_{DZ-2} 仍超设计控制指标。排水廊道中排水孔后折减系数为 $\alpha_2 = 0.00 \sim 0.11$，符合坝基扬压力分布一般规律，且大部分小于设计折减系数控制值，即帷幕后折减系数为 $\alpha_1 \leqslant 0.40$，排水孔后折减系数为 $\alpha_2 \leqslant 0.20$。防渗帷幕后水位变化量为 $0.88 \sim 19.02$m（P_{6-1}），排水廊道中排水孔后水位变化量为 $0 \sim 4.21$m，地下水位变化基本与坝前水位变化同步，说明帷幕后各测点渗透压与上游水位有较强的相关性，坝基渗透压变化滞后性不明显。

2）坝基渗漏量。大坝左岸高程 1595.00m 排水廊道渗流量约 33 L/s，较蓄水前增大了约 9L/s；右岸高程 1595.00m 排水廊道渗流量为 3.53L/s；左岸高程 1664.00m 排水廊道渗流量为 2.30L/s；右岸高程 1785.00m 坝基排水洞与厂区交叉口渗流量为 1.51L/s。其余大坝各层帷幕灌浆廊道、排水廊道、抗力体平洞渗流量较小，渗流量基本小于 1L/s，且蓄水期间无明显变化。渗流量较大，主要位于左岸高程 1595.00m 排水廊道的桩号 0＋220 处以左山体渗水。经巡视查明，该部位渗流量主要由三部分组成：底板排水孔排水、顶拱排水管排水和岩石裂隙渗水。其中底板排水孔排水比重较大，蓄水前约占总量的 45%，尤其是桩号 0＋226m 处 108 号排水孔，左岸排水洞桩号 0＋254.00 处渗压计 P_{LD-2} 在第一阶段蓄水前地下水位已达到 1600m，当时已接近底板高程，说明蓄水前渗流量较大主要受该处地下水位较高影响。

坝前水位与坝基高程 1595.00m 排水廊道渗流量变化过程线见图 14-16。

图 14-16 坝基高程 1595.00m 排水廊道渗流量与坝前水位变化过程曲线图

3）基础扬压力。左岸高程 1601.00m 帷幕灌浆平洞帷幕后渗压计（$P_{LG-1} \sim P_{LG-7}$）第一阶段蓄水前至 2013 年 8 月变化量介于 $32.97 \sim 114.19$kPa。高程 1595.00m 排水洞渗压计（$P_{LD-1} \sim P_{LD-2}$）蓄水前至 2013 年 8 月变化量介于 $46.15 \sim 48.03$ kPa。从左岸高程 1618.00m 抗力体排水洞水位孔水位变化来看，蓄水期间变化量介于 $-1.43 \sim 4.64$m，量值不大。

（9）坝基深部变形。随坝前水位上升，坝基整体位移变化量很小。12 号坝段基本无变化，13 号坝段、15 号坝段为少量压缩，压缩趋势略有减小。

（10）导流底孔主要监测成果分析。

1）锚索应力。锚索锁定后略呈松弛趋势，锁定后荷载损失率为5.46%～11.51%，主、次锚索测力计荷载分别为3813.1～4322.3kN、3638.1～3710.5kN，略呈衰减趋势并逐渐趋于稳定。

2）钢筋应力。大坝在蓄水后导流底孔闸门开启期间，钢筋应力变化量在－19.63～15.70MPa之间，量值较小。大坝结构钢筋受力主要是温度荷载应力、自重应力及闸门挡水水头等，总体测值较小，介于－42.91～60.82MPa，监测期间应力只有少量波动，无明显变化趋势。

（11）放空底孔主要监测成果分析。

1）锚索应力。蓄水期间坝前水位对放空底孔影响较小，损失率为2.03%～9.53%，蓄水期间变化平稳。

2）钢筋应力。蓄水期间坝前水位对放空底孔影响较小，钢筋受力主要是温度荷载、自重荷载及闸门挡水水头等，总体测值较小，当前应力值在－19.73～49.46MPa范围，蓄水期间变化量在－7.44～4.66MPa之间。

（12）泄洪深孔主要监测成果分析。

1）锚索应力。蓄水期间坝前水位对放空底孔影响较小，损失率为4.77%～9.93%，蓄水期间变化平稳。

2）钢筋应力。大坝结构钢筋受力主要是温度荷载应力、自重应力等，总体测值较小，介于－45.74～71.00MPa，监测期间应力只有少量波动，无明显变化趋势。

（13）垫座主要监测成果分析。

1）垫座与基础结合情况。接缝开合度在－0.20～1.40mm之间，大部分略微张开。

2）垫座分缝结合情况。接缝开合度在－0.48～1.92mm之间。蓄水期间、当前值及间隔变化量均很小，监测部位测缝无明显变形。个别垫座横缝开合度曾因附近灌浆影响发生陡增，灌浆之后开合度变化保持稳定。

3）垫座混凝土应力应变情况。应变值在－214.72～145.42$\mu\varepsilon$范围，蓄水期间变化量为－26.39～26.45$\mu\varepsilon$，期间应变只有少量波动无明显变化趋势，监测部位混凝土基本均处于三向受压状态。垫座混凝土自由体积变形表现为微量压缩变形或轻微膨胀变形，应变值在－123.63～102.97$\mu\varepsilon$（$N_{DZ}-11$）之间，在蓄水期间变化量为－7.4～22.65$\mu\varepsilon$（$N_{DZ}-18$），变化很小。目前，应变计组和无应力计应变及其变化主要受混凝土温度影响。

4）温度分析。A块混凝土最高温度在19.8～35.1℃之间，B块混凝土最高温度在19.8～41.6℃之间，之后混凝土温度逐步下降，中期冷却期间混凝土温度基本保持不变，二期冷却结束后温度略有回升。A块混凝土温度稳定在12.5～22.8℃之间，B块混凝土温度稳定在13.1～20.9℃之间。

（14）水垫塘主要监测成果分析。

1）基础深部变形。孔口位移值介于－0.84～－0.39mm，蓄水期间孔口变化量在－0.06～－0.01mm之间，月变化量小于－0.03mm，蓄水期间无明显变化。

2）水垫塘分缝结合情况。底板纵断面测缝计和左右岸边坡开合度介于－2.06～0.24mm。

3）锚杆应力。因受2012年11月底水垫塘充水后受水压力影响，各锚杆应力与水压力呈正相关性，大部分处于受压状态。锚杆应力计应力介于-104.13~67.93MPa，蓄水期间应力变化量在-8.33~8.06MPa的范围。

4）锚索荷载。荷载损失率为2.36%~14.08%，荷载略呈衰减趋势并逐渐趋于稳定。

5）渗流渗压。渗流总量为12.10L/s。高程1591.00m排水廊道测压管水位在1590.28~1591.10m之间，未出现异常。

（15）二道坝主要监测成果分析。

1）变形。孔口位移分别为6.42mm和-0.54mm，蓄水期间孔口变化量为0~0.24mm。

2）基岩与混凝土间开合度。建基面测缝计开合度略呈受拉趋势，目前开合度分别为0.05mm和0.24mm；蓄水期间变化量分别为-0.09mm和-0.04mm。

3）锚杆应力。锚杆应力稳定，应力为-12.23MPa。

4）水位计。蓄水期间二道坝下游水位计水位由1644.56m增加至1646.13m，变化1.57m，监测水位平稳。

14.5.4　主要结论

（1）大坝变形、接缝开度、应力监测成果反应的拱坝变形规律和量值正常，帷幕防渗效果良好，水垫塘及绕坝渗流渗压及量水堰监测成果变化较小，坝体泄洪结构支护荷载测值基本无变化。

（2）大坝左岸切向变形向左岸，11号坝段变形量最大，达到2~3mm，而9号坝段切向变形为1mm左右。第二阶段蓄水期间大坝9~11号坝段间为收缩变形，这与10号横缝压缩变形量较大相符。

（3）目前帷幕折减系数总体上变化不大，且大多都小于设计控制值，帷幕整体防渗效果较好。

（4）通过高程排水平洞排水孔渗流量与上游水位和降雨量的相关分析，各排水孔渗流量与降雨量没有明显的相关关系，随着上游库水位的增大各排水孔渗流量有小幅的增大，但增长幅度有限。高程1595.00m排水平洞排水孔渗流量为21.2L/s，桩号0+226.00以里的排水孔排水量为15.98L/s。

14.6　清江隔河岩水电站大坝工程监测

14.6.1　工程概况

隔河岩水电站位于湖北省清江干流中下游，距下游长阳县城9km，是一座以发电为主，兼有防洪、航运等综合效益的大型水利枢纽工程。水库库容34.4亿m³，水电站总装机容量1212MW，设计年发电量30.4亿kW·h。枢纽由混凝土重力拱坝（主坝）、水电站厂房、垂直升船机、官家冲副坝、引水隧洞等水工建筑物组成。

混凝土重力拱坝最大坝高151.00m，坝顶高程206.00m，坝顶全长653.45m，最大底宽75.50m。大坝共分30个坝段，1~5号坝段为右岸重力坝段，长96.0m；6~22号坝段为重力拱坝，长394.49m；23~26号为左岸重力墩坝段，长80.0m；27号坝段为第一级垂直升船机上闸首,长 34m;28~30 号坝段为左岸重力坝段,长 78.0m。

重力拱坝布置在两岸地形不对称的 U 形峡谷中,右岸较陡,左岸在高程 130.00m 以上地形渐缓,根据具体的地形、地质条件,在高程 150.00m 以下设置重力拱坝,左岸高程 132.00~150.00m 部位设置重力墩,以弥补地形上的不足。高程 150.00m 以上设置重力坝,形成上部为重力坝、下部为重力拱坝的特殊坝型,简称上重下拱式组合坝型。

重力拱坝主要坐落在寒武系下统石龙洞组灰岩上,岩层总厚约 142~175m,岩层走向北东 70°,与河床近乎正交,倾角 25°~30°。两岸坝肩上部为平善坝灰岩页岩互层,坝基岩石较新鲜完整,具有筑高坝的地质条件。灰岩下面为石牌页岩,具有相对不透水性,为防渗帷幕提供了良好隔水条件。坝基主要工程地质问题是有顺河向断层和软弱夹层,这些断层倾角陡,规模较大,贯穿了上、下游坝基,沿断层多有溶蚀和溶蚀充泥,破坏了岩层整体性。对这些断层、夹层采取了挖除、灌浆、回填混凝土、排水以及采用阻滑键、传力柱等措施。

在距主坝直线距离 9km 的官家冲垭口处,建有一座副坝(为混合坝),最大坝高 23.0m。

隔河岩水电站于 1987 年 1 月动工兴建,1993 年 4 月 10 日下闸蓄水,同年 6 月 4 日第一台机组发电,1994 年 11 月 26 日 4 台机组全部并网发电。1995 年 7 月大坝全部混凝土浇筑完毕,达到设计高程 206.00m。

14.6.2 监测内容

隔河岩水电站属于 Ⅰ 等工程,根据规范要求,为掌握水工建筑物在施工期和运行期的工作性态,在主要建筑物内、外部及坝址区,布置了一系列监测项目,以达到验证设计、指导施工和监控建筑物的目的。监测系统包括:变形、渗流、应力应变等。涉及的建筑物有重力拱坝、厂房、引水隧洞、高边坡及副坝等。

大部分运行期的监测设施都是在施工过程中埋设安装的,部分高边坡用于施工期安全监测的设施也转为运行期监测。1996 年底开始,大坝监测系统进行自动化改造。其中垂线系统、基础廊道静力水准、大坝渗流、内部观测中的部分测点实现了自动化监测,该系统自 1998 年 2 月 15 日投入试运行,1999 年 10 月底经验收后正式投入运行;大坝外观变形 GPS 自动化系统于 1998 年 3 月 11 日正式投入运行,用于监测大坝坝顶(高程 206.00m)关键部位的三维变形。2001 年 8 月 22 日自行研制的智能网络自动化采集系统正式投入运行。

(1)变形监测。变形监测分为变形监测控制网和各建筑变形监测。

1)变形监测控制网。水平位移监测网由 9 个基准点和 7 个扩充点组成。垂直位移监测网由 19 个水准点组成,其中含 3 个基准点。

2)各建筑物变形监测。变形监测的重点为重力拱坝坝体、两岸拱座、引水发电系统、厂房高边坡以及官家冲副坝等。各建筑物变形监测设施汇总见表 14-7。

(2)渗流监测。渗流监测包括坝基扬压力、渗漏量、左右岸地下水位、边坡地下水位等。渗流监测设施汇总见表 14-8。

(3)应力应变及温度观测。应力应变及温度监测包括七个部位:重力拱坝、垂直升船机、拱座处理部位、水电站厂房及发电引水系统、混凝土温控、护坦右侧护坡及其他部位、官家冲副坝。应力应变及温度监测仪器汇总见表 14-9。

表 14－7　　　　　　　　　　　**建筑物变形监测设施汇总表**

仪　器	单位	重力拱坝	进水闸	厂房高边坡	官家冲副坝	合计
倒垂线	条	11	2	4		17
正垂线	条	20		17		37
精密量距	处	5		14		19
精密测角导线	条	3				3
弦矢导线	条	1				1
视准线	条	1	1		2	4
三角交会点	点	20		19		39
静力水准	套	9	1			10
精密几何水准	点	215	22	39	12	288
深埋钢管标	个	2				2
竖直传高	套	4				4
测斜仪钻孔	孔			18		18
多点位移计	支			6		6

表 14－8　　　　　　　　　　　**渗流监测设施汇总表**

项　目	单位	坝基及灌浆平洞	护坦	地下水位	官家冲副坝	合计
钻孔式测压管	支	101	8		4	113
U 形测压管	支	2	4			6
地下水观测孔	个			8		8
泉水观测	处			2		2
量水堰	个	6	1			7
排水孔渗漏量	项	1				1

表 14－9　　　　　　　　　　　**应力应变及温度监测仪器汇总表**

仪　器	单位	重力拱坝	升船机	拱座	厂房及引水系统	混凝土温控	护坦护坡及其他	官家冲副坝	合计
应变计	支	291		72	66	27		4	460
无应力计	支	48		16	5	11		2	82
压应力计	支	7		3	12				22
钢筋计	支	48	50		77		3		178
渗压计	支	7					6	10	23
测缝计	支	100	10	88	45	148	7	7	405
基岩变形计	支	10	4		13			2	29
多点位移计	支	2		3	8				13
裂缝计	支	4	1			7			12
温度计	支	145	30		56	207		9	447
测力计	台		5						5
土压力计	支							12	12
合计		662	95	187	282	400	16	46	1688

（4）监测自动化。自动化监测系统为分布式网络数据采集自动化系统（DAMS-Ⅲ型），由各类传感器、现场采集控制单元（MCU、DAU）、遥控转换箱、网络工作站及大坝安全监控软件等组成。接入系统的观测项目有正倒垂线、量距仪、坝基扬压力、渗流量、基础廊道静力水准、内部观测等。1999年11月后，各项目均开始运行。

1）正倒垂线及量距仪。接入自动化系统的正倒垂线及量距仪包括大坝及高边坡的31个正垂测点、17个倒垂测点和11处量距仪，共安装48台RZ-25型双向电容式垂线坐标仪及11台RW-20型量距仪，分别接入16台DAU采集模块，以485通信方式把数据发送给计算机。

2）扬压力。自动化系统中共接入38个扬压力测点，其中30个测点位于重力拱坝基础廊道，8个测点位于护坦廊道内。31个测点采用电感式传感器，7个测点采用弦式渗压计，接入4台MCU中。

3）渗流量。渗流量采用量水堰法分区测量，共设7个量水堰，使用60°和90°两种三角堰，用YL型量水堰流量仪（差动电容式仪器）测量堰上水头。

4）静力水准。静力水准共4条，传感器为RJ型差动电容式静力水准仪（共20台）。安装在高程60.00m、58.00m基础纵向廊道及13号、15号坝段横向基础廊道内。

5）内部观测。DAMS-Ⅲ型自动化系统中，共有154支内观仪器接入9台数据采集单元（MCU）中，另将83支内观仪器接入4台转换箱（YKA）内，实现自动及半自动化测量。发电公司自己开发一套智能网络化全分布式测试系统，接入78支内部观测仪器。

14.6.3 监测施工

（1）水平位移监测网。水平位移监测网由9个基准点和7个扩充点组成，编号为TN1～TN9和TN10～TN16，水平位移监测网布置见图14-17。1991～1992年年初，对该网进行了首次观测，其时，全网尚未形成，仅对TN1～TN7组成的网形进行了观测。方向观测于1991年5—6月用T2000S电子经纬仪观测12测回，用T2000S电子经纬仪和经纬仪WILDT3同步对向观测三角高程，1992年1月用ME5000精密光电测距仪观测边长。测角中误差为±0.7″，测边中误差为±(0.2mm+1.4×10⁻⁶)，初次平差时以TN1为固定点，其坐标值取为$X=1289.5524m$、$Y=342.3904m$，以TN1～TN2为固定方位，方位角取值$\alpha=88°18'51.03''$，边长投影至高程150.00m。首次观测时，边长和方向均观测两套成果，平差结果表明，各套平差后各点的平面精度误差椭圆长半径均小于1.0mm，平面位移监测网点的初次坐标值取两套成果平差值的平均值。1995年对该网进行了复测。

2001年对水平位移监测网进行GPS复测。用双频GPS接收机9台，配备可抑制多路径误差的高精度天线。选定GPS的1号点为WGS-84起算坐标的联测点，通过与测区周围的IGS、GPS跟踪站进行72h联测，求得GPS1在ITRF97●坐标中的起算坐标。观测时将GPS1～GPS7和APS1、APS2联测至水平位移监测网，采用静态网联式观测方法组织作业。全网数据用GPS精密星历和GAMIT软件解求基线向量，再用POWERDJ平差软件进行平差计算，求出各点在WGS-84坐标框架下的精确坐标。平差结果表明，各点

● ITRF为国际地球参考框架，每年都有不同，97代表年号，即1997年。

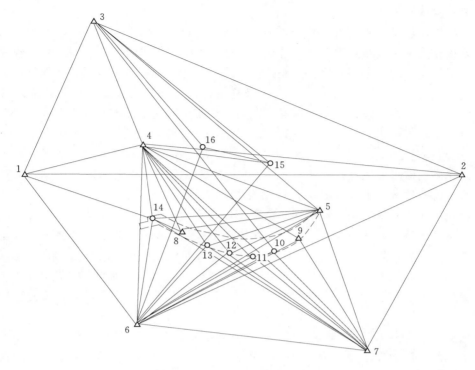

图 14-17 水平位移监测网布置图
1～16—测点

的平面精度误差椭圆长半径均小于 1.5mm。最终以 1995 年成果中的 TN1 和 TN2 为固定点，将坐标转换为原水平位移监测网独立坐标系。

水平位移监测网各次观测均满足精度要求，但复测报告均未对网点进行稳定分析，复测的最终成果没有考虑到基准点的选取，对网点的位移也没有正确的结论，不能保证位移观测点观测成果的可靠性。从 2001 年复测的建议成果中可以看到，TN3～TN8 的位移量均大于 5mm，由于没有进行过稳定分析，而是沿用了首期平差计算时取用的固定值。因此，不能正确了解网点的稳定性，建议将多期复测成果进行完整的稳定分析，然后对位移观测点的位移值进行修正。

（2）垂直位移监测网。垂直位移监测网由 19 个水准点构成，其中包括 3 个基准点。监测网有测温钢管标 2 座（L_9、L_8，其中 L_9 因施工被毁）、双金属标 1 座（L_7）、基岩 I 型标 8 座、基岩 II 型标 8 座。基准点组由三点组成，采用吴淞高程系统，以习家湾 L_{1-1} 为基准点，经左岸 L_2、L_3、L_4、L_5，过大坝至右岸 L_6、L_{14}、L_9、L_8、L_7，再跨江（江宽约 300m），连接 L_{10}、L_{11}，闭合至 L_{1-1}，环线全长 14km。为检校基准点 L_{1-1}，在溯沿头溪上行距离 L_{1-1} 约 4km 的两河口设立校核基准点 L_{0-1}，途中经 L_{12}、L_{13} 形成校核路线。

垂直位移监测网观测按国家一等水准的要求执行，成果为连续观测两次的平均值。

（3）正倒垂线系统。

1）正（倒）垂线布置。拱坝水平位移监测的重点是拱冠（15 号坝段）、1/4 拱圈及左右岸拱座，在这些部位均布置了正倒垂线。此外，为监测基岩水平位移，在左右岸灌浆平洞内设置了多条倒垂线。

厂房高边坡也是监测重点，共布置了 4 个断面的垂线监测系统。

倒垂线浮力及正垂线挂重主要检查线体直径、浮桶、浮体组和挂重等，结合查阅、考证有关竣工资料和现场量测数据，并经计算复核，来评价垂线系统是否满足规范要求。

2）垂线复位差及稳定性测试。复位差及稳定性测试的目的主要是检验垂线的安装质量。具体方法是：在垂线未扰动的情况下，人工测读垂线初始读数；再将垂线轻轻推移一定距离后松手，等待垂线稳定后，进行人工观测，记录稳定后的读数及稳定所需的时间。

3）遥测垂线坐标仪鉴定。为提高垂线测点的观测精度并适应自动化监测的需要，在大坝及右岸高边坡垂线测点处安装了 48 台电容式双向遥测垂线坐标仪，这部分仪器均接入 DAMS-Ⅲ型分布式测量系统，于 1998 年投入试运行。

电容式垂线坐标仪采用差动电容感应原理，在垂线上固定一个中间极板，在测点仪器内布置一组上下游方向的极板和一组左右岸方向的极板，每组极板与中间极板组成差动电容感应部件。当垂线发生变位时，二组极板与中间极板之间的电容比值会发生变化，通过测量极板间的电容比变化值，再乘以仪器灵敏度系数，就可以得到测点相对于垂线体的水平位移变化。电容式仪器一般存在约 0.5％F.S/年左右的零漂，运行时间较长后这种影响可能较大。

本次对 43 台电容式遥测垂线坐标仪（包括 X、Y 两个方向共 86 支传感器）的测量精度进行了比测。比测方法为：①读取初始测值（人工观测并采集自动观测值）；②将垂线推移一定距离后，再读取人工及自动化测值；③对比人工观测及自动化观测的结果。考虑到人工观测及自动化观测均存在一定的误差，因此在改变垂线前后，人工及自动化系统均重复测读 3 次，以平均值作为测量结果。

（4）静力水准。

1）静力水准布置情况。静力水准是用管路连通法来测量各部位的垂直位移，在重力拱坝基础廊道、高程 85.00m、高程 105.00m、高程 122.00m、高程 145.00m 廊道及厂房基础廊道内共布置 9 套静力水准，共 63 个观测点。其中大坝基础廊道的 4 条静力水准已实现自动化监测。

从测点布置情况看，静力水准布置较为全面，测点基本包括了大坝各层廊道及厂房基础廊道。从大坝安全监控的角度来说，坝基、坝顶两个部位的监测是重点，对高坝来说，大坝中部的垂直位移也应观测，其他部位的监测并非必要，建议保留大坝基础廊道（已接入自动化系统）及高程 145.00m 廊道的静力水准，高程 85.00m、高程 105.00m、高程 122.00m 廊道及厂房基础廊道的静力水准通过几年观测，已积累了一些资料，坝体未见明显的不均匀沉陷。因此，今后可以适当减少观测频次或取消。

按静力水准的设置，每条管路上都有一个基准点（其本身是线路上的一个测点），由基准点推算出静力水准各测点的绝对垂直位移。由于各条静力水准的基准点均没有测量，因此其他测点所测的位移均为相对位移。基础廊道内已设置了 2 个钢管标，建议利用这 2 个钢管标，使基础廊道各测点的沉陷值能代表其所在部位的绝对位移。

从现场检查看，各条静力水准线路标定点的千斤顶均已锈蚀，无法抬高或降低，因此没有进行管路连通测试工作，下一步应设法恢复标定装置，定期对水准管进行校测。从外观看，各测点均设有保护箱或保护罩，水准管路工作环境均较好，钵体漏液现象不明显。

2）静力水准自动化监测系统评价。静力水准监测自动化系统的评价主要从监测值的稳定性、数据采集缺失率、自动化测值过程线等方面来进行。

①静力水准自动化测值稳定性。静力水准自动化测值的稳定性主要通过短时间内的重复性测试，计算其重复测量精度来评价，计算方法与垂线相同。以规范规定的垂直位移量中误差限值±0.3mm为控制指标，静力水准自动化系统短时间内的稳定性均满足要求。

②静力水准自动化数据缺失率。根据电厂提交的数据库，导出静力水准历年自动化观测值，以1998年2月16日至2001年9月2日作为统计时段（按电厂安全监测规程要求，静力水准自动化系统每天观测1次，则每个测点应测数据总和为1295个），静力水准仪自动数据缺失率最小值为11%，最大值为30%，平均值约为15%，大于《水电厂大坝安全监测自动化系统实用化验收细则》中$W \leqslant 3\%$的要求。

2001年10月后，由于设备老化，自动化系统的故障率明显增大，有效数据获得率不理想。

③静力水准自动化测值评价。通过对各台静力水准仪历年测值过程线的分析，可以对静力水准自动化监测系统的长期工作状态做出评价。1998年2月至2001年9月，测值在一定范围内有规律地变化，过程线光滑，突变较少，说明该时段内静力水准自动化系统的工作状态是稳定、可靠的，测值基本上反映了廊道垂直位移的实际情况；2001年9月后，系统故障率极高，基本上无法正常工作，测值异常；13号坝段横向廊道内布置4个测点，以GL1360_1为基准点，从观测结果看，测点GL1360_3的相对位移变幅达4mm左右，与实际不符；2000年后，16号坝段60m纵向廊道测点GL1660的相对位移存在逐渐增大的趋势，估计也是仪器漂移所致；15号坝段设有2个钢管标，从监测资料看，2个测点略有下沉的现象，LR1511呈周期变化，年变幅达3mm左右，与实际不符。

总体来看，静力水准自动化系统在2001年9月前是稳定可靠的，大部分测点的观测资料可信。2001年10月后系统故障率很高，已无法满足大坝安全监测的要求，应进行维修。加强基准点（钢管标）位移观测，静力水准各测点应考虑基准点位移。

④静力水准人工观测资料评价。除大坝基础廊道外，其他各层廊道及厂房基础廊道的静力水准均由人工观测。人工观测使用测微仪测量，一般每月观测1次，观测频率满足规范要求。人工测量每测次进行往、返观测，返测须在全线往测结束后进行，往、返观测各进行一测回，取往、返测平均值为该测次观测值，往、返测误差控制在0.05mm。从绘制的各测点位移的实测过程线中可见：大部分测次的测值可靠，过程线在一定范围内波动，符合各测点位移的实际情况；2002年12月11日，厂房基础廊道各测点相对位移明显偏大；测点TC11201以TC12202为基点，2002年7月，其相对位移比6月突增2.28mm，此后保持稳定，估计是系统自身原因造成的，并非测点的实际位移；测点TC10301、TC11302在2002年9月至2003年1月期间，测值明显偏小；TC08501、TC12503等测点在2002年的多次测值明显偏大（最大为10.37mm），这些测值均为偶然误差。

综上所述，静力水准人工观测资料大部分是可信的，少部分测次的误差较大，今后如遇到明显异常的测值，应重新观测。

（5）大坝精密水准。

1）测点布置及观测方法。为监测重力拱坝垂直位移，在坝顶、各静力水准测点、精密测角导线及弦矢导线测点处均对应设置1个墙上水准标点或地面水准标点，共计98个墙上水准点和111个地面水准点。另外在厂房基础廊道内布设了16个水准点。

重力拱坝精密水准按国家一等水准的精度要求执行，观测仪器为NA3003电子水准仪和DNA03水准仪。每次观测能及时计算限差，对超限的测次，及时重测，观测仪器（水准仪）定期检验，观测方法及计算方法符合规范要求。

重力拱坝坝顶共有68个测点，每个坝段埋设2～3个水准点，工作基点为左岸L5和右岸L6，共80个测站。该水准线路是测点、测站数最多的线路，下面以该水准线路为例分析水准测量的精度。

2）精度分析。用水准测量测定高差的精度受到水准测量中偶然误差（水准尺读数误差、水准管气泡居中误差、补偿摆的置平误差等）和系统误差（仪器误差、系统性折光误差等）的影响。坝顶水准线路最弱点精度估算值约为0.76mm，满足规范要求。

3）实测数据分析。本次收集到的观测资料从1998年1月至2003年5月，基本上每月观测1次，共47个测次：①各测点过程线光滑，规律性好，表明坝顶水准的观测精度较好，测值基本上反映了坝顶实际位移；②考察过程线可发现，2003年3月6日各测点明显上抬，测值较为异常。因3月坝体混凝土的温度较低，坝顶不可能发生明显上抬的现象，估计该测次存在较大的观测误差或计算错误；③2002年后各测点略有上抬，而基准点稳定，估计2002年下半年后的测次存在一定的误差。

（6）GPS系统。GPS系统在1998年3月正式投入运行，由原武汉测绘科技大学负责设计、安装，采用Astech公司Z-12型GPS接收机。该系统共有7个GPS测点，其中左右岸各布设1个基点（间距约1km），大坝1号、8号、10号、15号和21号坝段的坝顶各设1个测点，组成GPS变形监测网。该网通过对连续接收的GPS信号进行差分解算得出坝顶测点的三维变形。

1）精度分析。武汉测绘科技大学对1998年6月至1999年12月期间基点GPS2（左岸基点）自动解算结果（包括2h解的时段861个和6h解的时段931个），在未作任何人工干预和人为挑选的情况下，进行精度分析，主要结论如下：

①基点存在变形趋势，大致上具有年周期变化规律。

②基线分量统计精度表明：2h解的水平位移精度为±2.86mm（NS）、±2.5mm（EW），垂直位移精度为±6.52mm；6h解的水平位移精度为±2.06mm（NS）、±1.77mm（EW），垂直位移精度为±4.49mm。垂直位移的精度约为水平位移的2.5倍。这一精度统计结果与基线分量的重复性精度非常一致，具有大子样容量的特性。

③如果采用多个基点同时测量，其精度应更高，测量误差可以通过多余观测得到控制。

基点GPS2测值是在GPS1（右岸基点）的基准条件下，应用广播星历、采用固定软件自动进行的。理想情况下，如果观测没有误差，基点自身相对稳定，那么解算得到的另一个基点GPS2的测值应当不变。实际上，各观测时段解算得到的GPS2测值总会有差异，这种差异实质上反映了GPS的测量精度及基点的稳定性。

GPS系统要达到亚毫米精度必须具备高精度的基准点、高精度的接收机、精密星历、精密解算软件、能够使用精密解算软件进行熟练解算基线的专业人员等条件。

目前，隔河岩 GPS 系统使用的基准点、接收机均满足高精度要求，但应用广播星历，缺乏熟练解算基线的专业人员，使用的精密解算软件也为全自动解算软件（精密解算软件需要有经验的专业人员进行手工处理）。部分时段，由于 GPS2 无法正常工作（野外的可靠电源和该站信号的无线发射设备故障），只能用 GPS1 进行解算、平差，无法进行差分改正，导致精度较低。

GPS 系统安装前，曾进行 6 次测试，由测微仪（人工测量）及 GPS 系统共同测量，测试结果表明：6h 解的精度明显好于 1h 解和 2h 解；水平位移的精度好于垂直位移。6h 解水平位移最大误差为 0.75mm，垂直位移最大误差为 1.70mm；2h 解水平位移最大误差为 1.55mm，垂直位移最大误差为 3.40mm。

2）实测资料分析。从绘制的 GPS 系统各测点水平位移测值过程线、垂直位移测值过程线、15 号坝段坝顶垂线自动化测值与 GPS 测值的过程线（见图 14-18）。①GPS 上下游方向水平位移测值与垂线自动化测值基本接近，变化规律相似，变幅接近，测值规律性较好，表明两种仪器的监测结果基本一致，测值能反映坝顶上下游方向的实际位移，但GPS 测量精度不及垂线；②左右向水平位移，由于测点本身位移量较小，GPS 测量误差所占比重较大，导致过程线呈锯齿状波动，变化规律不明显；③垂直位移的观测精度较差，测值呈无规律地跳动，与坝顶精密水准的测量成果相差较大，其测值的可信度较差，难以代表坝顶的实际沉陷。

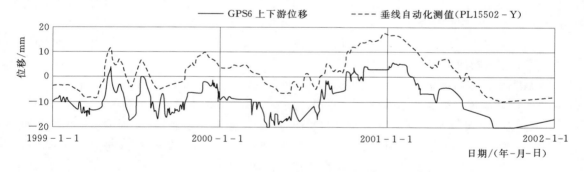

图 14-18　15 号坝段坝顶垂线自动化测值与 GPS 测值过程线

3）GPS 系统适用性分析：①目前 GPS 系统采用的 6h 解的水平位移精度尚可，对于 15 号坝段来说，坝顶上下游方向（NS）水平位移变幅在 20mm 以上，GPS 的观测误差所占比重较小，因此剔除明显异常的测值后，大多数测值基本上是可信的，可以作为坝顶的位移；②左右向水平位移（EW），由于自身的位移量很小，GPS 系统的观测误差所占比重较大，测值难以反映测点细小的位移；③GPS 系统垂直位移的测量精度较差，难以满足要求。

（7）弦矢导线。为监测重力拱坝各坝段的水平位移，在高程 203.00m 廊道布置一条弦矢导线。1997 年移交给电厂，但其观测仪器无法使用，观测方法复杂，后请设计单位处理也没有得到解决。弦矢导线在电厂观测班维护后，解决了无影灯的照明效果，目前仍存在以下问题：

1）观测方法复杂，给观测人员增加了劳动强度，观测精度不高。

2）施工工艺不好，廊道内锢钢丝纵横交错，相互牵制，大大降低观测精度，必须进行改造，调整各观测站的仪器安装高度，提高安装质量。

3）该项目设计的观测设备，均采用差分观测缺少的检测方法，以至于观测数据缺少依据，应按精密导线方法布置检测设施。

弦矢导线的观测资料无法真实反映大坝的变形状况，因此，目前已停测。该项目的设置，主要是观测高程 203.00m 大坝轴线的水平位移，考虑到已有 8 个坝顶布置了垂线，并有 5 个 GPS 测点，可以监测坝顶水平位移，故弦矢导线可以取消。

（8）渗流监测系统。

1）扬压力系统。重力拱坝的坝基扬压力设置了 1 个纵向观测断面和 6 个横向观测断面。纵向观测断面以高程 120.00m 以下基础廊道、左岸高程 60.00m 灌浆平洞及右岸高程82.50m 灌浆平洞为重点，监测主排水幕处的坝基扬压力。横向观测断面布置在坝体基础8～9 号、11～12 号、13～14 号、15～16 号、17～18 号、21～22 号坝段的横向廊道内，监测坝基扬压力的横向分布情况。在坝基及两岸灌浆平洞内共布置钻孔式测压管 97 支，2支 U 形测压管，另外在护坦布置 8 支测压管，4 支 U 形测压管。1998 年，电厂对扬压力系统进行了自动化改造，选择 38 支测压管安装了渗压计实现自动观测，其中 30 支位于大坝基础，8 支位于护坦廊道内。平洞内的测压管未接入自动化系统，仍由人工观测。

从扬压力设计布置来看，河床坝段及两岸灌浆平洞内测孔布置全面，通过日常观测，可掌握坝基扬压力纵向及横向分布情况，及时监控大坝的运行状态。但右岸 1～7 号及左岸 23～30 号坝段仅布置 2 个测孔，建议在这些坝段增设测孔。

对照规范要求并考虑本工程大坝的实际情况，坝基扬压力可设置一个纵向监测断面及3 个横向监测断面。

从现场检查情况来看，测压管锈蚀较严重，阀门无法打开，压力表很长时间未作率定。为此，电厂已开始改造，建议对照现行规范要求，安装不低于 0.4MPa 级的压力表。

2）左右岸地下水位。目前，左、右岸尚有 11 个地下水位测孔可以观测（使用测绳观测）。从观测资料看，测值精度较好，规律性明显。从记录看，近期一般每隔 3 天观测 1次，建议按规范要求，按 1 次/月的频次，进行长期观测。

3）渗漏量监测分析。

①布置情况及现场检查。在基础廊道内共布置 7 个量水堰，分段观测大坝的渗流量，漏水量较大的排水孔也进行单孔观测。

从现场看，大坝基础高程 58.00m 纵向廊道内 13 号坝段处设有一个集水井，该廊道两侧（上游侧及下游侧）均设有排水沟，并各自埋设 1 个量水堰，自动观测仪器（WE3）布置在上游侧排水沟，而下游侧排水沟处的量水堰没有观测（但有水流入集水井）。与此类似，WE4、WE6 也存在同样的问题，渗漏水存在旁路流走的现象。因此，现有的渗漏量测值只是大坝总渗漏量的一部分。建议封堵不观测的排水沟，渗漏水集中从一侧流入集水井。

16 号坝段的 WE5 堰前析出物淤积较多，影响水流的稳定性，应定期清理。

7 个量水堰在 1998 年埋设，并安装了电容式流量仪，实现了自动观测，但没有人工观测设施，无法验证自动化测值的准确性。建议在量水堰前按规范要求设置水尺，进行人工观测。

WE3、WE6 分别在左右集水井旁，观测大坝总渗流量，但两个量水堰均位于基础高程 58m 廊道处的上游侧排水沟，排水沟相互连通，建议给予隔离，分段观测大坝渗流量。

②人工观测与自动观测比较。2003 年 12 月 2 日对 6 台量水堰进行人工与自动对比测量。由于量水堰前未设置水尺，因此人工测量只能采用容积法，并在量水堰处直接取堰上水头，计算出相应的渗流量作参考。在人工观测的同时，采集自动化测值，进行比较，以此来评价自动化测值的可靠性。从比测结果看，人工测量与自动测量存在较大差异，为此库坝中心在 2004 年 6 月对该项目进行现场检查及反复比测。从现场检查看，发现 WE1 堰口钙化物多，导致流态不正常，WE2 与水沟连通的管子杂物较多，其余 4 个量水堰都正常，采集的数据与疏通前变化不大。

建议准确测定各量水堰流量仪的基准值，定期（至少每月 1 次）进行人工比测，检验自动观测资料的准确性。

③历史资料分析。2002 年前量水堰测值过程线基本平顺。但考察过程线可发现，WE3 测值小于 WE2 及 WE1，这一现象是不合理的，因为 WE1 仅观测右岸高程 82.50m 平洞的渗流量，其渗漏水均汇入 WE2 内，并最终汇入 WE3。估计 WE2 及 WE3 的测值有误，应检查仪器及计算公式。

2002 年后，各渗流量仪均处于不稳定状态，测值异常。

④量水堰渗流量仪重复测量精度测试。短时间内，通过计算机房监测自动化系统的计算机对每支量水堰渗流量仪测值进行连续测读，根据测值计算其重复测量中误差，估算系统重复读数精度及其稳定性。各量水堰渗流量仪重复测量见表 14-10。

表 14-10　　　　　　　　　各量水堰渗流量仪重复测量表　　　　　　　　单位：L/min

测点编号	测次 1	2	3	4	5	6	7	中误差
WE1	45.88	45.86	45.88	45.86	45.84	45.86	45.86	0.01
WE2	13.35	13.4	13.38	13.37	13.39	13.38	13.39	0.02
WE3	122.97	122.95	122.96	122.94	122.96	122.94	122.96	0.01
WE4	28.95	28.95	28.94	28.95	28.92	28.94	28.94	0.01
WE5	42.09	42.11	42.07	42.14	42.11	42.15	42.15	0.03

由表 14-10 可见，各台量水堰渗流量仪的重复观测精度较好，中误差最大仅为 0.03L/min。

⑤缺测率统计。对 1998 年 2 月至 2001 年 9 月期间的观测资料进行统计，统计结果见表 14-11。

由表 14-11 可见，各量水堰缺测率在 10%～11% 之间，在这段时间，系统基本稳定，缺测率较少。但在 2001 年 10 月以后，系统故障增多，缺测率明显提高。

表 14-11　　　　　　　　　　　量水堰自动化系统缺测率统计表

测点编号	WE1	WE2	WE3	WE4	WE5	WE6	WE7
缺测率/%	11	10	11	11	11	11	10

（9）高边坡监测系统。

1）监测布置。厂房高边坡由坝下水垫池右侧的衔接边坡、平行厂房轴线的隧洞出口正面边坡以及折向下游的侧面边坡组成。其中衔接边坡和正面边坡前沿长分别为 50m 和 100m，运行期坡高 110m；侧面边坡前沿长约 150m，坡高约 170m；整个厂房高边坡前沿总长约 300m。

厂房高边坡是本工程的监测重点，监测内容主要为边坡的表面和深层变形。主要监测设施包括：垂线、表面变形测点和测斜孔等。

正、倒垂线分设在 4 个观测断面上，已在垂线系统中做出评价。

边坡各马道上共布设了 61 个表面变形测点，采用交会法观测其水平位移，用精密水准法观测其垂直位移，其监测点布置见图 14-19。

厂房高边坡自 1991 年 7 月至 1993 年 5 月在边坡开挖及支护过程中共埋设了 18 个测斜孔。1997 年在对边坡东侧Ⅳ号危岩体坡脚的自然边坡进行加固时，又埋设了 4 个测斜孔；1997 年对 4 号引水洞左侧和水垫池右岸岸坡进行了加固。为此，在 Ⅴ号危岩体部位的高程 128.00m 和高程 150.00m 平台各布设了 2 个测斜孔。

2）表面位移（交会法、精密水准）。边坡交会法在初期基本上每月观测 1 次，后期一般 2 个月观测 1 次，精密水准也为 2 个月观测 1 次，观测频次满足规范要求，图 14-20、图 14-21 为部分测点表面位移实测过程线。

由图 14-20、图 14-21 可见，交会法观测除少数测次外，大部分测次的精度尚可，由于顺坡向位移量较小。因此，位移的变化规律不十分明显。精密水准测量由于各测点的高差较大，观测精度不高。

3）测斜孔。测斜孔用来监测边坡表面及深层位移。目前，尚有 19 个测斜孔能正常测量，测斜孔基本上每月观测 1 次，满足规范要求，从现场检查看，各测斜管孔口保护完好。

边坡测斜孔使用测斜仪测量，测头导轮间距 500mm。观测时没有对测斜仪探头偏值 A0 与 A180 方向测值之和进行控制，2003 年观测资料中，最大探头偏值达 160mm 以上。建议定期标定测斜仪，使探头偏值控制在 30mm 以内，超限测次应重测。

各测斜孔底部测点的位移测值稳定，变幅较小，符合实际情况。上部测点的观测精度不高，时间过程线呈锯齿状波动，变化规律不明显，估计是误差积累所致。

（10）进水口监测系统。进水口建筑物包括引水渠、进水塔、安装平台及公路桥，按一机一洞的方式引水。进水塔共分 4 段，每段长度 24m，顺水流长度 26.5m，高度 67.5m，为深式压力墙结构。

进水口边坡为红溪组厚层夹薄层灰岩组成的缓倾角顺向边坡，存在断层、剪切带等地质缺陷。施工时，采取了开挖减载、设置阻滑键等措施。

为监测进水闸的水平位移变化，设置了 1 条视准线，共 2 个测点，以倒垂线作为其基准点。另外布置 1 条精密水准线路（闭合线路），12 个水准测点，以 L6 为工作基点，监

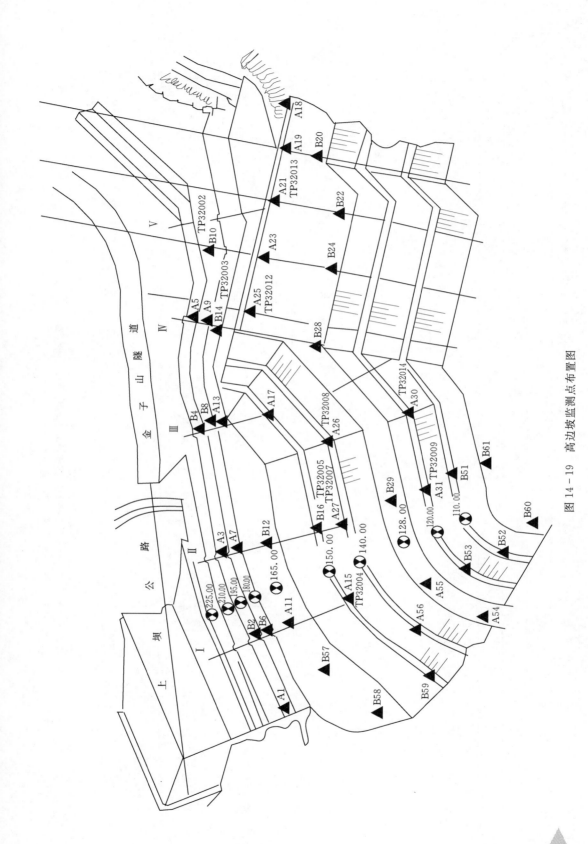

图 14-19 高边坡监测点布置图

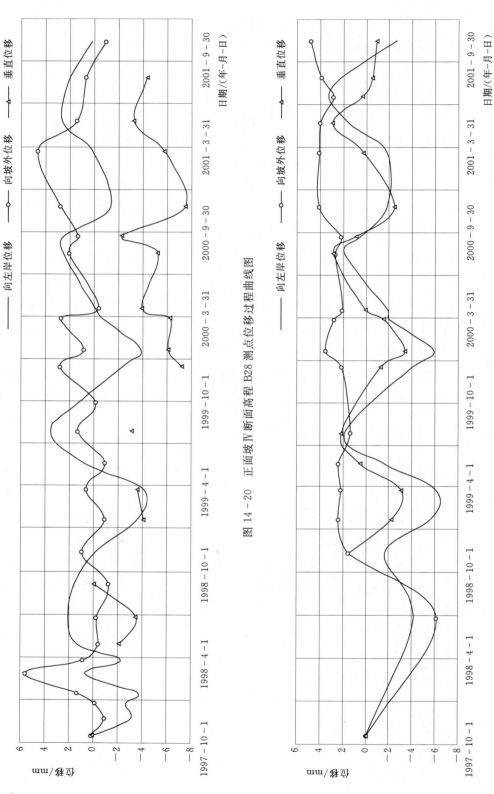

图 14-20 正面坡IV断面高程 B28 测点位移过程曲线图

图 14-21 高程 A54 测点位移过程曲线图

测各闸墩的垂直位移。

为监测进水口边坡变位，布置 4 条变位线，监测 406 号夹层的滑动变形，在阻滑键混凝土内布置了钢筋计、应力应变计等内部观测仪器，并在边坡上设置测斜孔及多点位移计。进水口监测仪器布置见图 14-22。

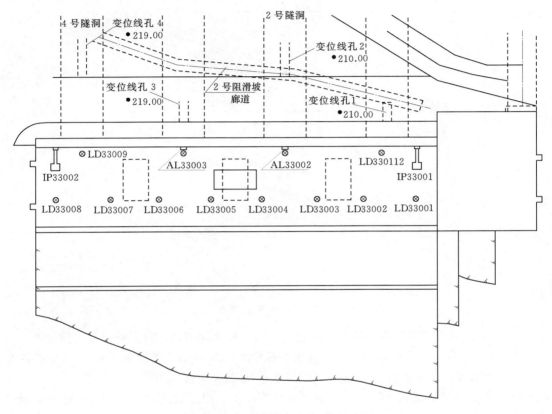

图 14-22 进水口监测仪器布置图

从监测布置看，测点布置合理，满足进水闸及边坡监测的要求。经过十余年的运行，变位线、应力应变、多点位移计已经失效，建议继续观测视准线、精密水准及测斜孔，观测频率可为 1 次/季。

（11）副坝监测系统。官家冲副坝位于上游距主坝直线距离 9km 处的右岸库盆边缘的车溪沟上，沟谷底高程 191.75m。副坝为混合坝，上游部分为重力式混凝土防渗墙，下游为堆石体。副坝最大坝高－23.00m，坝顶高程 207.00m，坝顶长 89m，防渗墙共分 6 个墙段，最大底宽 11.5m。副坝按一级建筑物设计。

官家冲副坝的主要监测内容为大坝水平位移、垂直位移、坝基渗压及应力应变等，副坝变形监测布置见图 14-23。

1）水平位移。为监测副坝水平位移，在防渗墙墙顶高程 207.00m 和堆石体高程 198.00m 马道上各布设 1 条视准线，每条视准线各设 4 个测点。2 条视准线均用活动觇牌法观测，观测仪器为 T3 经纬仪。从观测记录看，一般每月测量 1 次。由图 14-24 和图

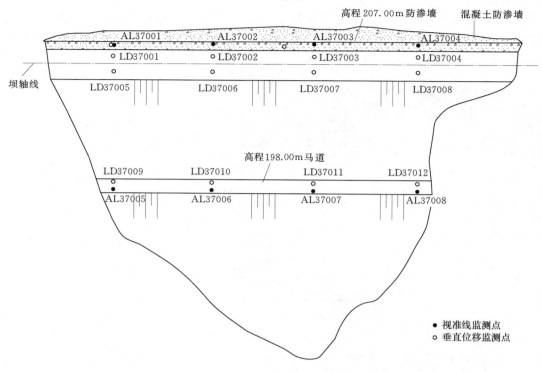

图 14-23　副坝变形监测布置图

14-25 可见，视准线观测精度较好，过程线光滑，规律性明显，观测成果是可信的。

2）垂直位移。防渗墙墙顶、堆石体顶部高程 205.00m 和下游高程 198.00m 马道各设 4 个水准观测点，副坝垂直位移按国家二等水准的要求执行。实测成果见图 14-26～图 14-28，由图可见：精密水准的观测精度好，测值具有明显的规律。但防渗墙墙顶只有 2 个测点的资料，另 2 个测点没有观测，建议修复后继续观测。

3）渗流监测。为监测副坝渗流，在堆石体内设置了 4 个测压管（已堵塞），在 4 号防渗墙段建基面距上游墙面 1.3m、3.0m 和 7.5m 处各布设了 1 支渗压计，并在 2 号、5 号防渗墙段建基面也各埋设 3 支渗压计。副坝下游没有设置截水墙，也就没有观测渗流量。

渗压计一般每月观测 1 次，满足规范要求。堆石体内的测压管已堵塞，处理比较困难。按规范要求，渗流量是必须观测的项目，但考虑到副坝挡水时间不长（经统计，约 20％的时间挡水），坝前水深不大（正常蓄水位时坝前水深约为 8m 左右），渗流量暂时可以不观测。建议在副坝挡水期，加强巡视检查，记录渗流水的逸出情况、水温、浑浊度等。如果渗流量有增大趋势，则应设置量水堰，观测副坝渗流量。

4）应力应变观测。副坝内埋设的内部观测仪器有应变计、无应力计、测缝计、土压力计、基岩变形计及温度计等，这部分监测项目对大坝安全的意义不大，建议继续观测测缝计，其余仪器可以封存停测，具体测试结果见内部观测仪器。

综上所述，副坝水平位移、垂直位移的观测精度较好，测点布置及观测频次满足大坝安全监测的要求。建议恢复河床中部防渗墙顶 2 个水准点的观测，副坝挡水期，加强巡视

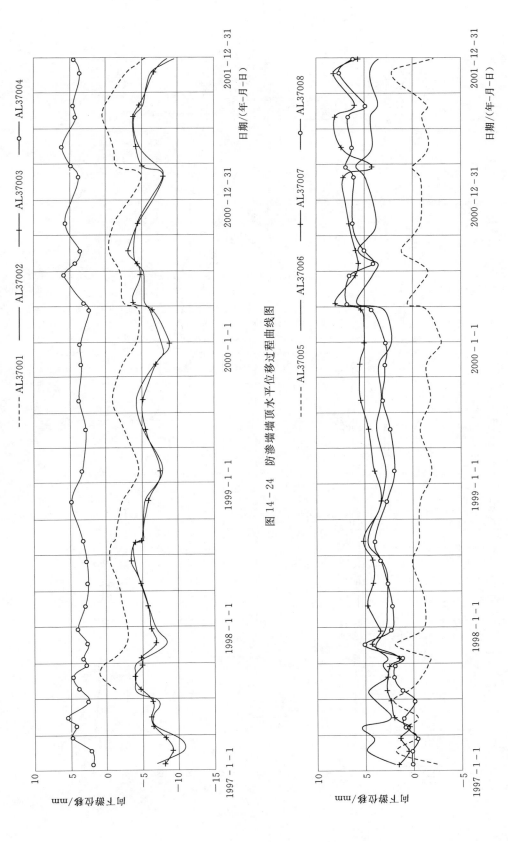

图 14-24 防渗墙墙顶水平位移过程曲线图

图 14-25 堆石体高程 198.00m 马道水平位移过程曲线图

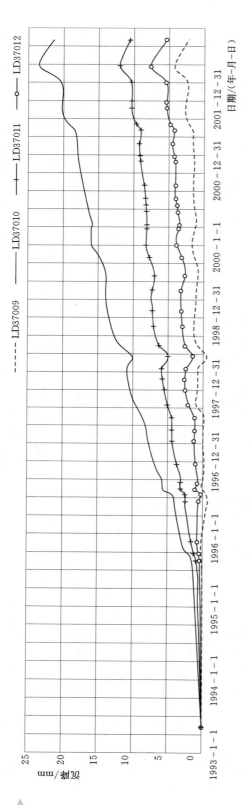

图 14-26 堆石体下游高程 198.00m 马道垂直位移过程曲线图

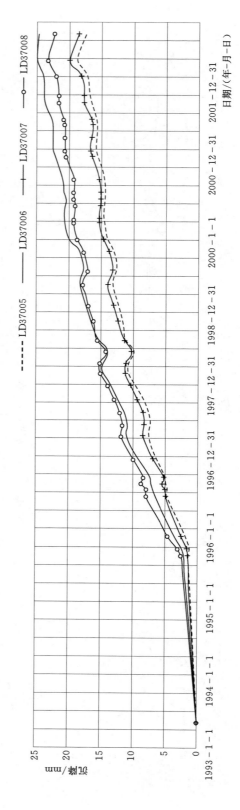

图 14-27 堆石体顶部高程 205.00m 垂直位移过程曲线图

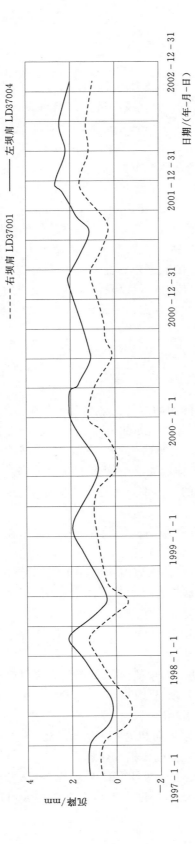

图 14－28　防渗墙墙顶高程 207.00m 垂直位移过程曲线图

检查，记录渗流水的逸出情况、水温、浑浊度等。

（12）内部监测仪器。其布置情况如下：

1）重力拱坝。重力拱坝的应力、应变及温度监测以 9 号、15 号及 21 号坝段为重点，主要监测坝体应力、温度的变化和分布、深孔及廊道孔口钢筋的应力以及纵横缝的开度变化和拱座部位的基岩变形等。仪器主要分 8 个层面布置，即基岩约束区、高程 70.00m、高程 86.50m、高程 102.00m、高程 112.00m、高程 130.00m、高程 143.50m 及封拱顶面（高程 152.00m 至高程 178.00m）。重力拱坝布置的内观仪器有：应变计 291 支、无应力计 48 支、应力计 7 支、钢筋计 40 支、渗压计 7 支、测缝计 100 支、基础变形计 10 支、多点位移计 2 支、裂缝计 4 支和温度计 145 支。

2）第一级垂直升船机。为监测第一级垂直升船机闸室筒体的温度、应力、缝面开度，共布置了钢筋计 50 支、测缝计 10 支、基岩变形计 4 支、温度计 30 支和裂缝计 1 支。

3）拱座处理部位。拱座处理部位的监测包括左岸 f_8 断层、302 剪切带、g_9 剪切带和右岸 F_4 断层、301 剪切带的阻滑键、传力柱，以及右岸拱座预应力加固处理部位。共布置应变计 72 支、无应力计 16 支、应力计 3 支、测缝计 64 支、测力器 5 台和多点位移计 3 支。

4）水电站厂房及引水发电系统。厂房 1 号机基础、尾水管段及蜗壳部位，共布置基岩变形计 13 支、应变计 2 支、无应力计 2 支、钢筋计 21 支、测缝计 4 支、温度计 14 支，监测基岩变形、结构应力和温度变化。

引水发电系统在 1 号和 4 号引水隧洞的帷幕上游洞段、预应力混凝土衬砌洞段、出口锥管段、引水钢管墩及 201 号剪切带置换处理部位布置仪器进行监测，共计布置应变计 64 支、无应力计 3 支、应力计 12 支、钢筋计 56 支、测缝计 26 支、温度计 42 支。

5）混凝土温控。为了解施工期坝体混凝土的温度变化及分布，为坝体混凝土浇注及纵横缝灌浆提供温控参数，保证坝体的整体性，布置了应变计 27 支、无应力计 11 支、测缝计 155 支和温度计 207 支。

6）护坦右侧护坡及其他部位。在护坦右侧护坡、5 号勘探平洞及厂房高边坡，共布置了钢筋计 3 支、测缝计 28 支、渗压计 6 支。

7）官家冲副坝。官家冲副坝防渗墙内布置有应变计 4 支、无应力计 2 支、渗压计 10 支、测缝计 7 支、基岩变形计 2 支、温度计 9 支、土压力计 12 支。

1998 年大坝监测系统自动化改造时，把重力拱坝内的 154 支内观仪器接入 9 台 MCU，并将 83 支仪器接入 4 台转换箱内。2000 年电厂自己开发了一套智能网络化全分布式测试系统，接入 78 支内观仪器。

8）内部观测仪器优化。在运行期，大坝监测的重点是大坝外部变形及渗流状况，内部观测仪器可作为辅助监测。隔河岩大坝从 1993 年蓄水发电以来，已运行了十余年，内部观测仪器已基本完成了验证设计、指导施工、科学研究的任务，部分仪器经过十余年的工作，已经逐渐老化、损坏。因此，今后可以选择一些监控大坝工作状态的仪器继续观测，其他仪器可按仪器状态酌情给予封存或作报废处理。

重力拱坝中，保留 15 号坝段（拱冠）、9 号、21 号坝段（1/4 拱圈）的温度计、应变计组、横缝测缝计、基岩变位计是必要的，可作大坝安全监控或科学研究，混凝土裂缝计、坝体渗压计等可以封存。其他坝段中监测横缝开合度、基岩变形的仪器也宜继续观测，其余仪器可以封存。

官家冲副坝，由于测压管及渗流量均没有观测，因此副坝内的渗压计应继续观测，基础接触缝（测缝计）也宜继续观测，其他仪器可以封存。

14.6.4　主要结论

（1）仪器埋设质量是好的。仪器埋设完好率为92%。

（2）观测资料准确可靠。差阻式仪器采用五芯测量系统，尤其是新一代数字测试仪表的使用，大大提高了测值的准确性。

（3）微型计算机的应用，显著地提高了观测资料整理的效率和准确度，为微机在内观现场工作中的进一步推广应用积累了经验。

（4）仪器失效的原因，一方面因施工时钻孔打坏仪器或电缆，立模浇筑混凝土时砸坏或振坏仪器、电缆而失效；另一方面是由于仪器自身质量问题而失效。

（5）施工期尤其是施工尾期，安全监测仪器电缆、渗压渗流设施多次被盗，轻则中断观测，有的甚至失效而无法恢复，给观测工作带来意想不到的困难。希望在以后的水电建设中，加强施工区的管理，做好安全监测设施的保卫工作。

参 考 文 献

[1] 殷世华，朱合华，丁文其. 岩土工程安全监测手册 [M]. 北京. 中国水利水电出版社，2008.

[2] 吴世勇，陈建康，邓建辉. 水利水电工程安全监测与管理 [M]. 北京. 中国水利水电出版社，2009.

[3] 魏德荣，张启琛，赵花城. 混凝土坝安全监测技术规范 [M]. 北京. 中国电力出版社，2003.

[4] 何勇军，刘成栋，向衍. 大坝安全监测自动化 [M]. 北京. 中国水利水电出版社，2008.

[5] 马洪琪，马连城，毛亚杰. 岩土工程安全监测手册 [M]. 北京：中国水利水电出版社，1999.

[6] 储海宁. 混凝土内部观测技术 [M]. 北京. 水利电力出版社，1988.

[7] 赵志仁，叶泽荣. 混凝土外部观测技术 [M]. 北京. 水利电力出版社，1988.